U0093949

說故事的行銷力量

行銷管理專業顧問
楊智翔◎著

作者序

埋藏在故事中的行銷智慧

多數人會認為，所謂的行銷就是跑業務、發放傳單或播放廣告、在街頭或用電話推銷等賣商品的各種手法，就像我們經常會聽到別人這麼說：「○○牌子的東西其實也沒有那麼好，只是他們的廣告打比較兇而已。」

雖然聽來也沒有錯，但這些行銷方式，其實就是銷售推廣（promotion）的一環，屬於行銷4P（即產品Product、管道Place、價格Price、促銷Promotion）當中的一部分。

而我們說真正的行銷，應該是從找尋客戶需求、選擇對的目標市場、確認產品的定位開始。接著便是設計產品、決定定價、選擇販售的各個通路、直到最後的銷售推廣，這些階段都可說是「行銷」的過程之一。

美國知名的行銷大師菲利浦・科特勒（Philip Kotler）曾對行銷做過以下定義，他說：「行銷是一種社會化過程，藉由這個過程，個人和團體創造和交易彼此的產品與價值。」

身為行銷領域的權威，科特勒不知被問過幾次——「行銷的定義究竟是什麼？」然而他最常做的解釋就是：「每當有人要我盡可能地用最簡短的話來定義行銷時，我總會說，行銷是以『有利可圖』的方式來滿足需求。許多人都能滿足需求，但是企業不但要能滿足需求，更要能夠『營利』。行銷就是當你要精準地滿足需求時必須先做的功課。如果你已經完成了這項工作，那就不太需要『銷售』了，因為滿意的顧客會替你建立口碑並傳播，告訴身邊所有人有一個很棒的方法解決了我們的問題。」

簡單來說，行銷就是與顧客建立起「有價值」的穩定關係，營造出顧客的滿意氣氛，並能從中獲利的過程。

然而行銷會面臨到的問題是：究竟要如何賣出產品？要如何賣出更多產品？要如何在激烈的競爭之中賣出更多產品？

對個人或企業而言，要如何運用優秀的行銷策略使自己的產品和企業品牌在市場中找到競爭優勢，是生存與發展的最大關鍵。許多行銷人為此處心積慮，但卻往往成效不彰。

而我們說消費者從受到外界刺激而興起購物的念頭，直到實際上去付諸行動，在這期間大致上可歸納出六個行為階段：**（一）激發購買欲望→（二）考慮商品特色與功能→（三）研究→（四）比價→（五）前往店家→（六）購買。**

當然消費者可能會在不同階段之間反覆思量，且每個階段的耗時長短、與媒體接觸的頻率，也會隨著產品性質的不同而有所變化。但整體而言，不同階段耗時的長短，也正是產品行銷人與潛在消費者溝通的機會所在。

然而對於「產品所能發揮的最大價值」，我們可以舉一個例子來看：

假設你手中有一個杯子想要賣出去，它的成本價是十八元，那麼最後你賣出時會是什麼價錢呢？

如果僅僅只是賣這個杯子，或許你可以開價三十九元或者四十九元。但如果這個杯子上印了一個知名品牌的logo，那麼賣四、五百元也不是個問題。

如果你吹噓這杯子有軟化水質的功能，那麼或許可以賣二九九元。

如果再替它包裝得很精美，那麼或許可以賣到四百九十九元。

如果這杯子恰巧地跟某個名人或者某個事件扯上了關係，那麼賣個一千元也不算貴。

如果這杯子的來歷很特別，例如它是從沉沒的鐵達尼號上打撈出來的，那麼即便是開價到一萬元以上，都有可能賣出。

同樣的一個杯子，它的使用價值不變，但它身上「依附的價值」不同，杯子本身的價值也就不斷地改變。

由此不難發現，我們在生活上所買所賣的，都不僅僅只是杯子「本身的用途」，而更多的是杯子以外的「附加價值」。

例如人們買衣服，不再只是為了禦寒，他們同時購買的還有美麗、自信，或者虛榮心；購買食物，也不再只是為了延續生命，還是為了追求享受和快樂……

雖然沒有誰能跳出這「陷阱圈」，但懂了這個道理，就能夠幫助我們做一個富思考力的行銷人與聰明的消費者。

那麼，到底有沒有最絕妙的行銷方法與最實用的行銷策略呢？

答案是：當然有。而且就在不被人們重視的細微之處！因為通常，最深刻的道理往往蘊藏在最簡單的故事當中。

本書精選了許多簡潔及經典的行銷故事，加上國內知名企業的行銷案例，以現代行銷的觀點進行剖析，使讀者在欣賞故事的過程中體會到深藏其中的行銷智慧。這些精彩的故事，你能從中獲益匪淺，並在生活的實踐中創造出你自己嶄新的行銷奇蹟。

讀完本書，如你能反覆咀嚼故事背後的道理，以及運用的技巧所在，那麼定能有所收穫和啟發，進而提升行銷力，開創更大的業績可能。

筆者希望提供每一位讀者朋友們最簡明扼要的行銷實用知識，祝福各位。

作者謹識

外在表現決定銷售可能性

有效說服客戶的行銷方法

搶先別人一步的行銷訣竅

有效溝通的行銷法則

激起客戶需求的行銷點子

特立獨行的行銷撇步

異軍突起的行銷案例

國內知名企業行銷案例

外在表現決定
銷售可能性

Stories For Enhancing
THE MARKETING ABILITY.

Story 1

提醒總裁：我與您有約

傑夫開始做生意不久後，就聽說百事可樂的總裁卡爾・威勒歐普即將到科羅拉多大學演講。

傑夫找到了為總裁卡爾安排行程的人，希望對方能安排個時間讓他與卡爾會面。但是對方告訴傑夫，總裁的行程安排得很緊湊，頂多只能在演講後的十五分鐘內與傑夫碰面。

於是，在卡爾總裁演講的那天早晨，傑夫就先到了科羅拉多大學的禮堂外面等待。

卡爾先生演講的聲音不斷地從禮堂裡面傳來，不知過了多久，傑夫驚覺到預定見面的時間已經到了，但是卡爾先生的演講卻還沒有結束，他已經多說了五分鐘。也就是說，自己和卡爾的會面時間只剩下十分鐘！他必須當機立斷，趕緊做出行動。

於是，他拿出自己的名片，在紙張背面寫下了幾句話，以提醒卡爾先生演講後還有個會面。

傑夫這麼寫道：「您下午兩點半和傑夫・荷伊芳有約。」然後他做了一個深呼吸之後，便推開了禮堂的大門，直接從中間的走道向卡爾走去。

卡爾總裁本來還在演講，看見有人向自己走來，就停了下來。

這時，傑夫把名片遞給他，隨即轉身循著原路回去，還沒走到門邊，就聽到卡爾告訴臺下的聽眾說他約會遲到了，謝謝大家今天來聽他演講，祝大家好運。說完，他就走到外面與傑夫碰面。

此時，傑夫坐在那裡，全身僵硬，不知自己是否做了件對的事。卡爾看看名片，接著對他說：「讓我猜猜看，你就是傑夫，對吧？」於是，他們就在學校裡找了一個地方，自在地暢談了一番。

結果他們整整談了三十分鐘之久。

卡爾不但花費自己寶貴的時間告訴他許多精彩動人的親身經歷，而且還邀約傑夫到紐約去拜訪他和他的工作伙伴。

不過，他給予傑夫最珍貴的指教便是：大力鼓勵他繼續發揮像闖入禮堂那樣大無畏的勇氣。

卡爾離開時說道：「不論在商場或者是任何領域做任何事，最需要的就是『勇氣』。當你希望達成某件事時，就應該具備去採取行動的勇氣，否則最後終將一事無成。」

你是一個合格的行銷人員嗎？你有像傑夫那樣勇往直前的勇氣嗎？也許每個人的腦海裡都有很多偉大的計畫和夢想，但是又有多少人能有勇氣與毅力去將它付諸實現呢？

當你走在行銷的道路上，不要猶豫、不要再有顧慮，大膽地走上前去，勇敢面對你的每一個客戶吧！只要有勇氣去面對，那麼不論是好或不好的牌，你都能找到機會，重新打出一副好牌。如此，即便是最糟的局面，你也都能替自己找到逆轉的先機。

Tips 行銷小提點

Top業務員須具備的七大專業特質

業務員面對著各式各樣的客戶，應該因應對方的地位與性格，採取相關的應對方法，儘量避免買賣雙方可能出現衝突。如傑夫那樣出其不意的行動，有時也能收到良效。但我們說優秀業務員多半都具備了以下特質：

❶ 對產品、服務的認知：

Top業務員會仔細分析市場環境，全面瞭解自身所推銷的產品或服務。因為對產品的認知多寡，就決定了結局成功或失敗。

❷ 相信自身的產品或服務：

業務員無法賣出自己不瞭解或不相信的產品。Top業務員不會嘗試推銷他沒有信心的產品，因為他的內心不會把對產品缺乏信心的這件事傳遞給目標客戶，不論他的口才有多麼驚人。

❸ 為產品找合適的對象：

Top業務員會分析目標客戶的需求，提供對方合適的產品。例如不會向只開二手車的人推銷勞斯萊斯，即使明知對方買得起昂貴的汽車。

❹ 產品定價合理：

Top業務員不會向目標客戶敲竹槓，因為殺雞取卵不如細水長流來得長久。

❺ 瞭解目標客戶動機：

Top業務員擅長分析人性，能夠看出客戶基本的購買動機，再根據這些動機做解說，促使對方回應。如果目標客戶並沒有特別的購買動機，他也能刺激促成銷售的購買需求。

❻ 抱持絕對信心：

Top業務員對以下各項擁有絕對的信心：

(1) 自己。

(2) 他所推銷的產品。

(3) 目標客戶。

(4) 完成交易。

Top業務員不會嘗試沒有信心的交易。因為信心能傳達到目標客戶的「接收頻道」，積極影響他下購買決定。信心可以移山，也可以促成交易。

❼ 發自內心為客戶好：

不論你從事何種工作，每天都有機會在正常的工作之外為別人提供某種服務，而不期待任何金錢的報酬。發自內心地為客戶付出，能培養你自動自發的進取精神，能使你成為同業中的佼佼者。

只為錢工作的人，除了金錢之外將一無所獲，不論有多少薪水，他永遠得不償失。金錢是必需的，但是，人生不能只用金錢衡量，因為再多錢也無法取代帶給他人的快樂與內心的平靜。

Top業務員瞭解發自內心的可貴，不需要別人告訴他做什麼或怎麼做，能運用同理心規劃，付諸行動，不需要別人監督就會實行。

Story 2

拔草能賣割草機

詹姆斯是一個待人相當和善的業務員，有一天，他要前往某間山中農場，向農場主人推銷自家公司的割草機。

然而在到達農場之後，他才聽上司轉述，原來之前已經有將近十個業務員向農場主人推銷過割草機了，但農場主人卻沒有買誰的帳。

當詹姆斯走進農場，經過一條開滿美麗的花的小徑時，他無意間看到路邊的幾株新生雜草，便想都不想地彎腰將那些雜草拔掉，還順便檢查了小徑上是否有其他雜草。他這個無心的動作，恰巧被前來的農場主人看見。

當詹姆斯見到農場主人，他便趕緊自我介紹了一番。然而當他要開始介紹公司的割草機時，農場主人卻說：「不用介紹了，你的割草機我買了。」

詹姆斯聽了驚訝地問：「先生！為什麼您看都不看就決定買了呢？我必須盡我的義務告訴您所有您該知道的資訊。」

農場主人回答：「因為你剛才在小徑上的行為已經告訴我，你是一個善良、有同理心的人，我覺得你值得信賴。而且，我目前也確實該換一臺新的割草機了。」

「細節決定成敗」，成功有時就是這麼簡單。當你用什麼樣的態度面對你的工作，別人就會看到什麼樣子的你。很多時候是否能達成目標，其實都取決於你所抱持的心態。

而客戶對於商品印象的好壞多半來自於行銷人員的表現，也就是說，他們對行銷人員的第一印象會轉換成對商品的既定印象。因此，我們該好好掌握住與客戶互動的機會，同時注意自身的言行舉止，而真誠、富有同理心與責任感，這些都是優秀業務人員必備的素質。

在上述的Case中，詹姆斯無心的一個小動作——順手拔除雜草，就讓他得到了一張「不費吹灰之力」的訂單。相較於其他只是單純來推銷的業務員，他多了一顆體貼善良的心，將客戶家的小徑當成自己家的來照顧，讓客戶充分地感受到了他的真誠與可信，也讓他順利地贏得了業績。

Tips 行銷小提點

你發現了客戶心動的時機嗎？

當客戶對商品產生「心動」的感覺時，就是銷售過程裡所謂的「黃金時期」。

商品的成交與否，往往取決於業務員能否抓住這個重要的Timing。因此，能敏銳地觀察出客戶心理狀態的變化，是一名傑出業務員的必備條件。因為唯有看透客戶心理，才能掌握住銷售先機。

你該知道，在銷售的過程中，好的業務員能注意、引導出客戶的購買需求，並逐漸突破對方心防，以達到最終目的。但是我們該如何察覺出對方心理狀況的改變呢？又該如何抓住顧客「心動的那一瞬間」呢？當對方出現以下狀態時，你可就要特別注意了：

（1）顧客拿著商品，仔細觀察或者沉思。

（2）顧客仔細地翻閱商品目錄或者產品的使用說明。

（3）顧客向你確認商品的品質和價格等細節。

（4）顧客顯露出比先前和善而親切的態度舉止。

（5）顧客從「挑三揀四」的批評，轉變為「默許」或「點頭」。

一般的菜鳥業務員經常在第一種情形出現時，就搞丟了生意。因為他通常會誤以為此時正是展現三寸不爛之舌的良機而對客戶開始強力推薦，結果客戶原先「心動」的感覺一下子就被破壞光了。試想，如果你是客戶的話，你希望在做決定或者尚在考慮時，旁邊有個囉嗦的業務員不斷地打擾你嗎？

雖然客戶表現出了「心動」的樣子，但我們仍然不可操之過急，反而應該儘量給客戶一種「是他在主導」的感覺，我們只要從旁配合即可。

因此，在客戶關注產品的時候，要儘量將你全部的注意力都集中在客戶身上，仔細觀察和接收客戶所發出的各種訊息。

此外，需要注意的是，無論你的銷售結果成功與否，都要時時分析和檢討原因，如此長久累積下來，必能修正出一套適合你自己的獨特行銷模式。

Story 3

現在放棄，業績就歸零了

日本知名的保險業務員齊藤竹之助（Saito Takenosuke）畢業於慶應大學經濟學系，後來進入了日本的三井物產公司，在一九五〇年退休。當時五十七歲的齊藤竹之助為了償還巨額債務，便進入朝日生命保險公司，成為了一名保險業務員。

當他進入保險公司之後，便立志要成為公司首席的業務員。然而當時朝日生命保險公司裡約有兩萬名業務員，而年過半百的他想脫穎而出，談何容易？

為了實現這個目標，齊藤竹之助非常努力工作。

他每天清晨五點鐘睜開眼睛，便先在被窩裡看書，思考推銷方案；七點吃早餐；八點到公司去上班；九點坐他最喜愛的凱迪拉克轎車出去推銷；下午六點下班回家；晚上八點開始讀書，並反省當日的推銷情況，修正行銷方案；接著十一點準時就寢。這就是齊藤竹之助典型的一天。

然而某次齊藤竹之助向一家企業推銷團體保險時，他連續拜訪了好幾次卻都無功而返。他覺得很無奈，只得將目標集中火力在一個人身上，那就是該公司的財務課長。但沒想到，財務課長根本不肯跟他見面，他去了好幾次，對方都以沒時間為由，不斷拒絕他的來訪。

但是，齊藤竹之助並沒有放棄，他仍然一面持續向該公司電話約訪，一面卻又持續登門造訪。一個多月之後，對方終於動搖了，財務課長終於同意見他。

齊藤竹之助於是就向這位課長展示了詳細的保險方案，但沒想到對方才聽了一半就說：「這種方案，完全不行！」

齊藤竹之助覺得十分沮喪，不得不對方案反覆推敲、修改。隔天上午齊藤又去拜訪財務課長，沒料到，對方還是以冰冷的語調對他說：「這種方案，無論你重新修改多少次都沒有用，因為本公司根本就沒有足以支付這筆保險的『預算』！」然而齊藤並未因此放棄，反而下定決心一定要拿下這家公司的保單。

自此之後，齊藤竹之助開始了長期的「抗戰」馬拉松，他前前後後跑了這家公司近百次。皇天不負苦心人，最後他終於克服阻礙，帶回了這家公司的團體保單。

一九五九年七月，是朝日保險公司的成立紀念日，齊藤竹之助全力以赴，第一次實現了一億四千萬日圓的月銷售額。其後，十一月又創造了二億八千萬日圓的新紀錄，同樣是在這一年，他登上日本第一的寶座，成為了日本的首席推銷員。

一九六三年，他的年銷售額已突破了十億日圓大關，這一年，他被美國的百萬圓桌會議（MDRT）吸收為會員。在隨後的四年中，他作為唯一的亞洲代表，連續四年都出席例會，最後被認定為MDRT終身會員。

齊藤竹之助推銷保險，不僅是一種行銷的方法，更是一種毅力的考驗。其實，每一個成功的銷售大師都是從不斷的拒絕當中熬過來的，而支撐他們的唯一信念就是：「這次我一定會把這張

訂單拿下。」

因此，當我們進行推銷時，也要時時具備這種毅力和決心，不斷地挑戰眼前所遇到的困難。

成功的業務員會一次又一次地自我省視與調整方向，他們除了充分地展現自己的專業能力之外，也會不斷地「讓客戶看到」自己的決心和毅力。而有此堅毅的決心，反而能讓客戶更放心，訂單自然也就不會少。

Tips 行銷小提點

成功者不放棄，放棄者不成功

銷售這條路漫長又艱辛，不僅要時時保持十足的衝勁，更要秉持著一貫的信念，自我激勵，才能在面對重重難關時還能堅持下去。尤其在陷入低潮時，若無法做好自我的情緒調節，那麼在銷售這條路上就勢必會被畫下無情的休止符。有許多前景看好的業務員，就是在遭遇阻礙時無法堅持下去，便逐漸在此一行業當中被淘汰。

據統計，業務員上門訪問的成功率微乎其微，因此只有靠著一次又一次堅韌不移的耐心去爭取，才能達到目標。也許你會連續遭到幾十次、甚至幾百次的拒絕。然而，就在這幾十次、幾百次的拒絕當中，總可能會有一個人接受你的產品。而為了這僅有一次的可能，業務員必須穩紮穩打，業務員的意志與信念也正是如此。

鼓起勇氣，再多試一次，也許這次，你就能成功。

Story 4

拒絕買我廣告的人，都是我的老師

柯提斯曾是一家報社的員工，他剛到報社當廣告業務員時，對自己很有信心，因此他向經理提出了不必給他月薪，只需按他每個月拉到的廣告費用抽取佣金即可，經理也答應了他的要求。

於是，柯提斯列出了一份清單，準備去拜訪一些特別的客戶，而這些客戶都是過去沒有洽談成功，且多數人都公認不可能與之合作的對象。

在拜訪這些客戶之前，柯提斯將自己關在房間裡，他站在鏡子前，並將名單上的客戶名字一一唸了十遍，然後對著鏡子裡的自己說：「到下個月之前，你們都會向我購買廣告版面。」之後，他便帶著堅定的自信去拜訪客戶。

第一天，在二十個「不可能」的客戶當中，他成交了三個。在第一個星期過去時，他又成交了兩個。到了月底，二十個客戶中，他只剩下一個尚未成交。

到了第二個月，柯提斯並未拜訪新的客戶，他仍舊鎖定尚未成交的那一個難纏客戶。每天早晨，當那位客戶的商店一開門，他就走進去推銷老闆買廣告版面，然而商店老闆的回答總是：「我不需要！」但是每當那位老闆說出：「我不……」時，柯提斯都會假裝沒聽到，然後隔天依然故我地前去拜訪。

到了第二個月的最後一天，對柯提斯連說了三十天「我不需要！」的老闆對他說：「你已經浪費了一個月的時間拜託我買你的廣告了，我想知道你為什麼這麼堅持？！」

柯提斯說道：「我並沒有浪費時間，而是在學習，您就是我的老師！我一直在訓練自己堅持下去的精神！」

商店老闆聽了很驚訝，他思考了一會兒，便告訴柯提斯：「你真是打不死的蟑螂！好吧！我敗給你了！我就買你們一個月的廣告版面吧！我很驚訝，你告訴了我堅持到底是什麼，對我來說，這或許比金錢更有價值，我購買一個月的廣告版面，就當作是付給你的學費！」

每天都被拒絕的柯提斯，憑著他堅持到底的精神達到了成功的目的，然而在生活與事業當中，多數人往往就是因為缺少這種鍥而不捨的精神而經常與目標失之交臂。

在行銷過程中，說服別人固然需要技巧，但堅忍不拔的毅力更是不可少，因為這種鍥而不捨的精神不僅能打動客戶的心，更能讓他們相信，他們付出的金錢必定能得到相對的回饋。

不要因為被客戶拒絕就退縮不前，應將所有挫折當成成長的墊腳石，視客戶的拒絕為練習的好時機，一次又一次地向前邁進，那麼你將能成為水來土掩、兵來將擋的超級行銷人才。

意念堅定，保持來往

「那老闆非常固執！不管你去拜訪、說服他幾次，幾個月下來都不見成效！」

「他們經理一看到我就說：『你來幹嘛？我很忙，回去吧！』實在讓我開不了口。」

「拜託！我連這個小小的課長都很難見上一面了！不管電話預約幾次，都不肯跟我見面。」

許多業務員都會像這樣子經常抱怨他們所遇到的那些「久攻不下、又很機車」的客戶。

諸如此類的狀況，你可能聽多了，似乎那些「案例」也就此成為了無法解決的難題，一旦遭遇到了，似乎也只有放棄一途。

但事實上真是如此嗎？你不也曾聽過一些意料之外的結果——某位頑固的老太太，受到了業務員所表現的誠意而感動，因此買了很昂貴的產品；也有業務員是在幾十次的會面之後，竟然奇蹟似地與客戶談成生意。

真要舉例的話，各種「案情」都有，過程也是曲折離奇。但是他們最大的共通點通常是在業務員不屈不撓的進攻之下，才開出了好花、結了好果。

當然，與你來往了好幾年的客戶，也許不曾對你惡言相向，但是，那些對你非常和藹，卻不曾與你交易的客戶也並不少。對於這種客戶，我們給你的建議便是——與其持續地保持來往。

因為往來多半是建立在雙方「接受」與「付出」的關係之上，對方也許會希望從你身上得到資訊，而你則希望能與他達成交易、以達成業績目標，這是一種「互利」。但是「時機未到」之前，若你仍有這種沒有壓力來往的客戶，便不必輕易地放棄，只要視為工作以外的普遍人際關係即可。

最重要的是，不管透過什麼手段，一定會有能打動對方的方法。因為天底下沒有久攻不下的客戶，如果你無法與本人進行商談，那麼透過其他的管道打動他，就仍有可能達到目的。

成與不成，完全在於你的意念是否堅定到足以支持自己繼續堅持下去。如果天底下真有談不成的客戶，那麼他只存在於你的心中。

身無分文
也能建造大教堂

一九六八年春天，羅伯特·舒勒（Robert H. Schuller）牧師立志要在加州建造一座水晶大教堂（Crystal Cathedral）。

他向著名的建築師菲利浦·強森說明了自己的理想：「我要的不是一座普通的教堂，我要在人間建造一座伊甸園。」

強森詢問了舒勒牧師的預算數目，但沒想到舒勒牧師只是堅定地對他說：「我要告訴你，我現在一分錢也沒有，所以無論是一百萬美元還是四百萬美元，對我來說都沒有差別。最重要的是，這座教堂本身要有足夠的魅力吸引大眾捐款。」

經過強森的估算，水晶大教堂的最終預算為七百萬美元。這七百萬美元對當時的舒勒牧師來說，是一個不僅超出了他的能力範圍，更超出了他的理解範圍的天文數字。

當天夜裡，舒勒牧師就拿出了一張白紙，寫上了「七百萬美元」，然後又寫下了幾行字：

(1) 募集一筆七百萬美元的捐款。

(2) 募集七筆一百萬美元的捐款。

(3) 募集十四筆五十萬美元的捐款。

(4) 募集二十八筆二十五萬美元的捐款。

(5) 募集七十筆十萬美元的捐款。

(6) 募集一百筆七萬美元的捐款。

(7) 募集一百四十筆五萬美元的捐款。

(8) 募集二百八十筆二萬五千美元的捐款。

(9) 募集七百筆一萬美元的捐款。

(10) 賣掉一萬扇窗戶，每扇七百美元。

六十天之後，舒勒牧師以水晶大教堂奇特而具藝術性的造型打動了富商約翰·科林，說動他捐出了第一筆捐款——一百萬美元。

第六十五天，一對聽了舒勒牧師布道的農民夫妻，捐出了一千美元。

第九十天，一位被舒勒牧師精神所感動的陌生人，在自己生日當天寄給了舒勒牧師一張一百萬美元的支票。

八個月之後，一名捐款者對舒勒牧師說：「如果你的誠意和努力能籌到六百萬美元，那麼剩下的一百萬美元就由我來付吧。」

第二年，舒勒牧師以每扇窗五百美元的價格，請求大眾認購水晶大教堂的窗戶。而付款辦法為每個月五十美元，分十個月分期付款。沒想到在六個月內，一萬多扇的窗戶就全部售出了。

歷時十二年，終於在一九八〇年九月，這座由著名建築師菲利浦·強森所設計，可容納兩千七百多人的水晶大教堂竣工了。它是世界建築史上的經典與奇蹟，成為了南加州著名的一個建築地標，世界各地前往加州的人必去瞻仰的景點。

雖然並非每個人的目標都是蓋一座大教堂，但是每個人都可以「做大」自己的夢想。

誰都可以拿出一張白紙，寫下一個、十個，甚至一百個夢想，並開始去思考完成它的各種途徑。因為世界上許多讓你覺得很偉大的事情，其實多半都是從一張紙、一枝筆，或者是一個很簡單的清單開始的。

只要你有足夠的恆心、毅力與足夠的堅持，夢想都有實現的可能。

在行銷方面也是如此，從不要盲目地追逐客戶，而是應該有計畫地訂立行銷方向與目標，不要輕言放棄。如此一來，你就會發現你正在達成目標的路途上，且成功就在雙眼能看見的不遠處。

Tips 行銷小提點

嘗試你認為不可能的目標

所謂的銷售工作，一定要有明確的數字依據作為目標，才能產生足夠的衝勁！

那麼，我們該如何設定適合自己的目標呢？如果目標訂得太高太遠，以自己的能力卻無法達到，那麼這就失去了訂立目標的意義。

一般而言，設立一個比自己能力「略高」的目標，能作為激勵自己不斷進步的動力。

但是若是想立大業的人，則需要設立自己覺得「不可能」達成的目標，才能有更強大的激勵作用。

這是為什麼呢？

我們說設立一個遠大的目標，雖然這種超乎自己能力範圍的目標會「經常」造成失敗，但我們若能將這一次又一次的失敗當成是自我的磨練與挑戰，不斷地檢討、修正，不再犯同樣的過錯，那麼，未來勢必能有超越眾人、鶴立雞群的一天。

遠大的目標使人必須更努力、加倍的辛勞才能達成，但是任何事情都是需要犧牲來換取代價的。有不斷遭受拒絕的經驗，才能培養出一個表現專業、口才超群的業務員。

雖然我們設定一個看似遙不可及的艱難目標，但這個高目標卻可以使我們得到高成就；而低目標只能讓我們達成小成就。

想想，一個目標遠大、永遠熱情地朝著目標全力以赴的人，與一個只求平凡順心、安穩過日子的人，他們所擁有的人生自然會產生截然不同的差別。

例如日本豐田汽車公司的權名先生，他是公司裡業績最好的業務員，他一年銷售三百多輛汽車，平均一天賣出一輛。同樣地，該公司的大阪汽車經銷商水谷先生，他帶著旗下的菁英業務員共同開發客戶，其一年也是銷售一萬輛以上的汽車。

我們說如此一流的業務員，是絕不可能像一般的業務員一樣，以一個月的數字，或者是一些「不足以構成威脅」的數字作為目標的，因為他們是以一萬輛、甚至一萬五千輛的數字當作年度的目標。

一般的業務員如果設定這種目標，當然有很大的機率沒有辦法達成，但你跟他們同樣是做業務工作，若能學習優秀業務員的做法，拿出和他們一樣的幹勁，那麼也有可能接近或達到與其相同的目標。

但如果你總設定在平均標準，或者比平均稍高的目標上，那麼，你將永遠只是一個再普通不過的業務員。

記住，現在就訂出更遠大的目標，並且全神貫注、全心全意地向它挑戰吧！因為這是開發自我潛能最有效的方法，也是使人快速成長的唯一方法。

因此，若你想成為最優秀的業務員，就必須先將自己的目標訂高、放遠。唯有設立看似不可能的目標，才有可能打破你自己的極限、創造出你自己的奇蹟。

在行銷商品失敗的時候，你也必須「追究」客戶不想購買的背後真正原因，要找出自己還有哪些需要改進的地方，運用在下一次當中，如此才能在每個推銷過程中都能有所成長。

如果因為業績尚可就稍作休息，將拜訪客戶的進度停頓下來，那麼很快地，你就會被他人狠甩在後還毫不自知。

Story 6

先秀出你的好嬰兒車

比爾是一家兒童用品公司的業務員，他的主要工作是推銷一種新型鋁製的輕便嬰兒車。

一天，他走進了一家賣場的嬰幼兒用品區，發現這似乎是他所見過的最大規模的用品賣場，各種類型的嬰兒用車可說是一應俱全，要什麼有什麼，而且來店的顧客數也相當可觀。

他覺得這是一個很大的潛在客戶，便抱著期待的心情打聽賣場經理的名字。為了把握時間進一步發展，他又向店員打聽經理的辦公地點，請店員帶領他來到經理辦公室。

當他踏進辦公室時，賣場經理一臉疑惑地問：「你是哪位？找我有什麼事？」

然而比爾卻一句話也不說，就將自己背在背後的折疊式輕便嬰兒車遞給了他。賣場經理接著問價格，比爾就將自己預先備妥的詳細價目表放在經理面前。

當經理將這台鋁製的嬰兒車前前後後、上上下下、又折疊又組裝地研究了一番之後，只對比爾說了句：「我訂六十台，三十台紅色，三十台藍色，大量訂購有優惠價嗎？保固期限呢？」

比爾問道：「您不先聽聽我的產品介紹嗎？」

經理答道：「這台品質很好的嬰兒車已經告訴我所有想瞭解的事情了，而且我做生意向來不喜歡太囉嗦，所以想直接問你有沒有優惠和保固期限，你很直接，這樣和你做生意很痛快！」

你知道什麼是「商品接近法」嗎？所謂的商品接近法也稱為「實物接近法」，是指業務員直接拿出產品來引發客戶興趣，進而轉入介紹與推銷的階段，是一種有效解除客戶心理防備的方式。

而這個方法最大的重點就是「讓商品先接近客戶」、「讓商品自己做無聲的介紹」，正因為一開始就並非以人作為主導，因此也是讓客戶感到最放心的一種推銷法。

Tips 行銷小提點

依不同個人特色改變溝通方式

在與各類型客戶溝通的過程當中，不知道你是否發現，與某些人談話時特別容易進入狀況，而與某些人談話時則很難找到共同話題？當你與對方的交談陷入一片迷霧之時，你是否能適時地改變策略以達成與對方溝通的目的？

然而，卻有許多人從未發現，如果他的買主或賣主與他有不同的認知，連帶地就會影響到他自己的表現。

因為買主或賣主無法接受的，有時候並不是業務員所陳述的內容，而是業務員表達的方式造成了雙方的分歧，使得交易泡湯。

有效的溝通是建立良好關係的關鍵，業務員應該努力去改善溝通的過程，學習如何藉由判斷對方的性格來消弭彼此緊張關係的發生。當然這有賴於我們自身先培養認知他人與認知情境的敏銳度，再據以修正自己的行動，以達到最佳效果。

下列基本溝通概念可以幫助你進行有效溝通，進而建立起更有利的合作關係：

溝通形態會表現在行為上，我們可以藉由觀察辨識出來。有許多線索可觀察出一個人的性格特色，例如穿著打扮、辦公桌的擺設、接電話的習慣動作、信件的寫法與溝通方式等等。

當然，我們必須綜合多種線索，才可能摸索出一個具體的性格特色。

而人們通常傾向於接納與自己主要溝通形態相似的性格特色，反過來說，人們較為排斥、甚至厭惡與自己不同的性格特色。

記住，溝通形態是有極大的彈性的，它無所謂對錯、好壞，只是當運用在情境之中，會依溝通雙方的性格特色而有合適與不合適之分。而我們說一般的基本性格特色有以下四種：

(1) 嘗試派

特色是愛幻想、有創造力、勇於創新。嘗試派注重傳統觀念，卻也勇於嘗試。他們想得較長遠，而且較為完整。

(2) 謹慎派

特色是注重事實、邏輯與系統分析，個性較為保守、謹慎，喜歡收集所有相關資料之後，再據以權衡、推斷，並選定多種方案中最好的一種實行。謹慎派偏愛以邏輯、按部就班的途徑來解決問題。

(3) 感覺派

特色是率性、感情用事，注重印象與關係。喜歡將工作環境個人化，在個人與工作上的來往上，喜好開放、坦誠的溝通模式，常憑感覺就輕易地下決定。

(4) 行動派

特色是強調行動、當機立斷，注重最終結果。行動派的人行事果斷、步調快且有自信，習慣「現在就動手吧！」的做事方式常被視為能真正使事情實現、完成的行動者。

儘管我們都知道，人的個性不可能這麼單純地就被明確劃分，也難以遽然斷定其行為形態就是如此，但瞭解各種類型的主要特色與行為模式，能讓我們判別清楚他人的性格與期望，使彼此的交易能有一個好的開始。

那麼業務員又該如何運用各種性格的對應方法來解除客戶的抗拒心理，以迎合其期望呢？

❶ 嘗試派的因應方式：

嘗試派的人希望得到他人的尊敬。當他提出意見時，你要說：「這點正是我們要特別強調的」，並表現出你對他所提論點的瞭解與重視。嘗試派會知道他的意見已被重視，因此願意繼續與你談論下去。

❷ 謹慎派的因應方式：

謹慎派偏愛步調慢、就事論事的風格。與他爭論會令他不安，因此最好能以發問的婉轉方式，讓他從另一個角度來評估事情。

❸ 感覺派的因應方式：

感覺派喜歡舊派強調、保證的作風。他喜歡與人套交情，必要的話，你應以人格作保證，生意成交之後，你必須確定一切都不會出錯。

❺ 行動派的因應方式：

行動派愛爭辯、討價還價，你一定要令其覺得自己占到了便宜。因此，送一瓶美酒，或者邀請他到高級餐廳用餐，透過給予各種「好處」來贏得他的好感，能使你更容易達成交易。

每種性格的人在做決策時，都有不同的目標取向與行事方法。兩種不同形態的人碰在一起，衝突是可以預料的。但是我們除了可以分析、以配合不同客戶的性格特色之外，還要設法去瞭解客戶的需求與目標，並有效地做出修正。只不過，光是瞭解與修正，並不能讓客戶相信你能真正地滿足他的需求。

但我們說善於觀察他人的性格特色與溝通形態，並調整自己的波長與對方同調，可免去一些可能發生的衝突，並迅速地建立起有效關係，快速贏得對方信任。

記住，你的意識形態不必與客戶相同，但只要能彈性調整，便可創造出原本也許不會有的和諧，而這和諧，將可以為你爭取到更多訂單。

不符合應徵資格又如何？

今年大學剛畢業的凱文，到了台北之後，就滿懷期待地帶著履歷表去參加就職博覽會。因為大環境不景氣，會場上的求職人潮絡繹不絕，但卻只有某家具有相當知名度的大公司攤位前冷冷清清，這與場上的熱絡氣氛形成了強烈對比。

這引起了凱文的好奇心，他特地走過去瞧瞧這家大公司的徵人啟事，這讓他著實嚇了一大跳。

因為大公司目標要徵求二十名業務員，且條件指定要台清交名校畢業、或者是曾在國外留學歸國的畢業生，而且最好有三年以上的打工或者實習經驗。條件這麼嚴苛，難怪沒人敢貿然地前去應徵。

凱文暗自打量了自己一番，想想，自己雖然沒有任何一個條件符合要求，但是這家大公司的職缺卻對他很有吸引力，他認為自己有挑戰極限的勇氣和毅力。於是他心一橫決定賭一把，心想，如果失敗了，那就當成是一次練習面試的機會吧。

凱文走到攤位前面坐下，一位顧攤位的中年主管看了他一眼，面無表情地指了指徵人啟事說：「看過了嗎？」

他點點頭說：「看過了，不過很抱歉，我不是台清交的畢業生，也沒有三年以上相關的實習經驗，我是某某大學電機系畢業的學生。」

那主管端詳了他一下子，又說：「那你怎麼還來應徵？」凱文聽了，只是微笑著說：「我來應徵，是因為我對貴公司有好感，而且嚮往這個職缺到了讓我想豁出去來推薦自己的程度，不管是不是真的會碰釘子，我都相信自己有能力和覺悟能勝任這份工作。」他又接著說：「而且很抱歉我個人這麼認為，如果求職的人真的要具備你們的所有條件，那他應該不會只是來應徵業務員，而是應徵業務主管。」

話說完，凱文就主動將自己的履歷遞出去，那位主管也沒有拒絕，微笑著說他明白了便收下，請他等候通知。

出乎意料的是，第二天凱文就接到了通知面試的電話。後來，他真的順利地進入那間大公司工作。

在進了公司之後，他認真學習並且積極面對各種問題，不到半年，他就成了公司業績第一的業務員。

後來他的主管才告訴他，原來當初那些苛刻的條件只不過是公司故意設置的高門檻，而他能通過的原因便是——具有挑戰的勇氣與決心、富有分析能力，而且非常勇於表達。

做為一名業務員，幾乎每天都需要與形形色色的商家打交道。如果在徵才博覽會上，凱文沒有勇氣主動去敲開這家公司的大門，又豈會有勇氣去敲開別間商家的大門呢？

有時候，阻礙我們前進的，並不是實力的缺乏，也不是那些所謂「人訂出來的條件」，而是我們本身的信心是否足夠。當我們對自己有信心、能有勇氣去面對阻礙時，規定就不再是規定，而限制也不再是限制了，這是因為我們積極向上的心態所能發揮的力量，是無法被常規桎梏住的。

而在行銷的領域裡要注意的是，信心不等同於自傲，勇氣也並非是愚勇。當面對「一樣米養百樣人」的各種客戶類型時，你只需要大方地將自己的優點表現出來。若有不足之處，則必須用你的熱忱與學習來補足、修正，進步，就是這麼簡單。

Tips 行銷小提點

不以貌取人的推銷拜訪

我們說在市場調查中最重要就是，千萬不要初次見面就以貌取人，擅自判斷目標對象經濟程度的好壞。

「那個穿吊嘎和藍白拖的歐吉桑，講話俗又有力，沒想到他拿得出一百萬的現金買進口車！誰都沒猜到，那個看起來普通到不行的歐吉桑，竟然那麼有錢！」有銷售經驗的人，或許都曾犯過這樣的初級錯誤，那就是用外表猜測客戶的消費水準落在哪個程度。

而有些業務員在陌生拜訪時會有另一種壞習慣，就是擅自決定哪些地方不適合、沒辦法推銷，然後就將這些地區排除在外，我們說這就是一種將錢往外推的愚蠢舉動。因為業務員絕對不要紙上談兵，要實地拜訪，畢竟你能確定不會錯過任何意想不到的機會嗎？

基本上，從事逐戶拜訪、銷售的順序是「決定拜訪、銷售的區域」→「決定路線」→「挨家挨戶地拜訪」→「定期的、有計畫的、長期的拜訪」。若能按照這些順序去銷售，那麼效率也將能大幅提升。

銷售成功還是失敗，不僅是企業的問題，更是每一位業務員得經常面對的考驗。

尤其是採取區域戰略的企業，第一線業務員每天的行動結果，都將決定他當月的命運。而他所負責區域內的競爭是勝是敗，都足以作為其營業據點存廢的依據。因此，業務員都該積極地先下手為強。

在營業區域內要搶先制人還是受制於人，也許企業形象或者廣告宣傳也是決定成敗的因素之一，但總歸一句話，最重要的還是第一線業務員業務量的多寡。

因此，作為第一線的業務員，切勿一味地責怪廣告或宣傳太少，應在活動方式上找到制敵的先機才是。若想提高潛在的客戶數，只有大幅增加拜訪次數，才能有更長足的成效。

Story 8

銷售前，先把你的卑微收回去

保險業務艾莉某天的行程是造訪一家知名的大企業，對於這樣的大公司她心裡有些害怕，不敢貿然地進去推銷自己的保險。她在外頭猶豫再三之後，最後還是決定進去試它一試。進去拜訪後，她找到了某部門的一位人事經理。

「請問妳找誰？」經理的聲音很冷漠。

「是這樣的，我是保險公司的業務員艾莉，這是我的名片。」艾莉雙手遞上名片，心裡有些緊張。

「保險？今天妳已經是第四個了，謝謝，我會考慮，但是現在我很忙。」

艾莉本來就沒有指望當天就能賣出保險，便說聲對不起就離開了。但如果不是她走到門口之後，還下意識地回頭看，或許就不會有這個完全不同的結果。

艾莉當時回頭，看見了自己的名片被那位經理撕掉，然後丟到了垃圾桶。艾莉對此感到非常憤怒，於是她轉身回去，對那位經理說：「先生，對不起，如果您沒有打算買保險的話，請問我可不可以要回我的名片？」

經理聳了聳肩問：「為什麼？」

「沒有特別的理由，因為名片上面印著我的名字和我的公司，我想拿回來。」

「對不起，妳的名片我剛才不小心沾到墨水了，就算還給妳，妳也不能用了。」

「如果沾到墨水，也請您還給我好嗎？」艾莉看了一眼垃圾桶。

沉默了片刻，經理說：「好，那這樣吧！你們印一張名片的費用是多少？」

「兩元。」

「好。」經理打開抽屜，往裡面摸了一下，然後拿出一個十元的硬幣說：「小姐，不好意思，我沒有兩塊錢的零錢，這當做是我賠妳名片的費用吧。」

艾莉當下很想搶過那十元硬幣，然後狠狠地丟在地上，不過她忍下來了。

她禮貌地接過十元，然後從名片盒裡再抽出四張名片給這位經理：「先生，對不起，我也沒有八塊的零錢，那這四張名片算是我找給您的，請您看清楚我的名字和我的公司。這不是一個適合丟進垃圾桶的公司，也不是一個應該丟進垃圾桶的名字，請您記住，告辭了。」

說完，艾莉便頭也不回地走了。

沒想到第二天，艾莉竟然接到這位經理的電話，請她再來拜訪他的公司。

艾莉幾乎是壓抑住怒氣地去了，然而對方卻告訴她，公司原本就有計畫額外替全體員工投保，只是尚未決定哪家雀屏中選，不過他們打算先向艾莉詢問團體保險的相關事宜，因為經過昨天的事件之後，他們認為她應該是值得信賴的。

面對客戶，有時必須強硬地表現出自己專業的一面，因為你有極大的機率會碰上態度不佳、甚至「狗眼看人低」的客戶。

然而當碰上不尊重自己的客戶時，你反而更應該表現出你的專業與更堅定的態度，對方看了自然會有所收斂，或許還能收到意料外的效果。

雖然我們都知道所謂「顧客至上」的道理，然而若真遇上態度惡劣的客戶時，我們必然還是得捍衛自己及所屬公司的尊嚴。正因為你的自我看重，才能讓對方對你以及你的公司產生信賴感與權威感，反而更能提高拿到訂單的機率。

Tips 行銷小提點

如何有技巧地對客戶說「不」

雖然顧客至上，但在談判場合，我們更需要根據自己的實力表明自己的態度，不要為了面子，更不要為了他人的情面而羞於說「不」。因為有技巧地說「不」，不僅不會刺傷對方，反而更有助於生意的成功。

當然首先你要明白的是，每個人都有說「不」的權利，不管出於什麼原因都是無可厚非的。有的人認為「客戶永遠是對的」，因而對客戶的要求不敢說個「NO」，但是你的讓步和「客氣」，又有多少人會心存感激呢？多數顧客反而會得寸進尺。最後，你舉步維艱，形同舉著一塊要砸自己腳的大石頭。

當然，在生意的合作之中，利益衝突總是居多，你必須考慮到你的「不」會給生意帶來的不利影響，如果因為一個「不」字讓談判「卡關」，那也不好。因此，你需要掌握一些說「不」的技巧。

「不」，因其乾脆俐落，確實讓滿懷期待的一方難以接受，也很容易讓談判陷入僵局，不利於生意進行。但其實，你沒有必要斬釘截鐵地迸出「不」這個字，不妨嘗試用沉默、迴避、拖延等手段。

例如：「無可奉告」是一個很管用的詞，「心有餘而力不足」更是客氣，「事實會證明的」也很委婉……你可以岔開話題，甚至可以撒個無傷大雅的小謊：「我只是替人工作，做不了這個主，等我回去請示上司再談，可以嗎？」

至於說「不」的時機，最重要的是要能確定你的拒絕能讓你處於主動優勢。在時機不當的時候說「不」，就等於自我放棄尚有轉機的生意；在恰當的時候說「不」，也並非鼓勵你和對手辯論、較勁。有技巧地說「不」看似妥協和放棄，但實際上卻是一種變相的進攻與爭取。

你會行銷自己嗎？

假設你是一個王牌大間諜，要去執行一項非常重要的任務，那麼你會帶哪一台電腦去呢？

A. 無線、輕型的電腦，隨時都可以上網。

B. 實用基本型的電腦，基本功能強而實用。

C. 專業功能強的電腦，可以滿足每一種行業的需求。

D. 外型時尚的電腦，藉由好配件能掩飾你的眞實身分。

選擇A

你是藍鑽型的推銷高手，因為口才一流的你，七成功夫可以說成十成功夫，然後輕鬆地得到大家的讚賞，成功地把自己推銷出去。選擇A的人對自己相當有自信，無論是工作上或專業上，只要一面對客戶，自信的光芒就會馬上散發出來，加上口若懸河、說法一流，對方就會覺得你說的好像都是真的、好像還不錯喔，所以選這個答案的朋友，必定是傳說中高手中的高手！

選擇B

你是白金級的推銷高手，因為懂得把握機會的你，只要遇到適合自己的伯樂出現，就會將自己最好的一面表現出來。這類型的人，平常默默工作，大家雖然都會把你當成空氣一樣，不覺得你的存在有何特別之處。不過當伯樂出現的時候，你會毫不吝惜地將自己的才華秀出來，這時候的你顯得特別厲害，韜光養晦就是在形容你這種人。

➔ 選擇C

你推銷自己的功力平平，因為老實謙虛的你只會默默努力，覺得一分耕耘一分收穫，只有有把握的時候才會推銷自己，所以你推銷自己的功力其實是有點遜的。這類型的朋友非常腳踏實地，會覺得台上一分鐘、台下要十年功，所以你累積了很多的時間讓自己學習，等到有機會的時候才會站出來。因此只要能讓你表演，一定馬上就能光芒萬丈、吸引眾人注意。

➔ 選擇D

選擇D的你推銷自己反而會吃閉門羹，所以最好不要自作聰明。經常因為太緊張而失常的你，多半會出現反效果。這類型的朋友其實是非常有才華的，所以你不用刻意推銷自己，只要將平時累積的實力自然地表現出來，多數人就會發現了。

有效說服客戶的
行銷方法

Stories For Enhancing
THE MARKETING
ABILITY.

Story 9

你就是你外在裝扮的樣子

美國保險界的傳奇人物班．費德文（Ben Feldman），他曾被讚譽為「世界上最有創意的業務員」。但如此風光的他在剛進入保險業時，除了穿著打扮不得體，業績也是其差無比，而當時公司正有意要辭退他。

費德文因此非常緊張，便趕緊向公司裡一位業績優秀的業務員討教。那位推銷高手對他說：「這是因為你的髮型根本不像業務員，衣服的搭配也不適合，看起來很土氣！你一定要記住，想要業績好，就要先把自己裝扮成優秀業務員的樣子，就算是『裝』出來的也可以！」

「但你知道我根本沒什麼錢可以打扮……」費德文沮喪地說。

「但是你要知道，外表是可以幫你加分、幫你賺錢的『工具』。我推薦你一位賣男裝的老闆，他會告訴你如何打扮才更合適，能讓你省時又省錢，而且外表對了，才更容易贏得客戶的信任，賺錢也就更容易了。」推銷高手真摯地對他說。

費德文聽了之後便馬上去了髮廊，請設計師為他剪一個適合業務員的清爽髮型，然後又去了同事推薦的男裝店，請老闆幫他搭配自己的穿著。

男裝店老闆非常認真地幫他挑選西裝，教他如何打領帶，替他選擇與他相稱的襯衫、領帶、皮帶。他每挑選一樣，就告訴費德文他為何挑選這種顏色或款式的原因，最後還送給費德文一本教導男性如何穿出專業形象的書。

自此之後，費德文就像是變了一個人似的，他的外在穿著有了超級業務員的樣子，這使得他在推銷的過程中能更有自信地面對客戶，如此的專業形象也使得他的業績因此增加了兩倍。

人與人相處，所帶給對方的第一印象往往能發揮決定性的作用。同樣地在推銷過程中，客戶對你的第一印象也會影響日後往來的延續性。

各行各業的推銷人員，其衣著打扮、一言一行，乃至於一舉一動，在在都會影響到日後與客戶的互動和行銷的成功與否。

因此，合宜的裝扮與言之有物的談吐，所營造出來的就是屬於你自己的氣質，也就是給人的第一印象，不可不慎。

而第一印象的形成，我們說50%取決於外表，而服裝的顏色又能決定另外50%的感受。暖色系的服裝配色一般能讓人感到親切與熱情，而冷色系則容易給人嚴肅與距離感。

然而有些人卻認為穿什麼是個人私事，就因此不修邊幅。誠然，穿衣打扮是個人的私事，但是如果在特定的環境當中，過度隨便或者是過分正經就容易引起不必要的誤解，影響到自己給人的第一印象。

而人與人之間的相互往來，從第一次見面開始，次數越多，關係就越密切。有調查發現，職業形象較好的人，其工作的薪資要比不注意形象的人高出8%至20%。

當然，得體的衣著並不是意味著就要用亞曼尼的西裝或者是愛馬仕的包包等名牌貨來裝扮自己，而是要在適當的場合做出最適合自己的穿著打扮。

在此需注意的是，絕對不是盲目地追求流行，而是去找到最適合你自己的裝扮，這才能最有效地替你加分。否則，如果已經失了面子，當然就也不需要再提到裡子了（自身要推銷的產品）。

Tips 行銷小提點

送一個你可以給、又不花錢的禮物吧

除了外在裝扮，笑容是你所能送給他人最棒的禮物，它能發揮多種效果，卻不用花你一毛錢。它不僅不會使贈送者變得拮据，還能使受贈者的心靈更為富有。

就像蘇打綠樂團的歌曲《小宇宙》當中的歌詞所提到——「賣衣服的店員態度就好像，我花錢我花錢只是買她臭臉。」

當我們進去一家商店購物時，如果碰到老闆或店員擺出一副彷彿你欠他債的臭臉，想必我們心裡一定也跟著不高興起來，不想多作逗留。同時心裡還會想：「要買你家的東西還要看你的臉色，那我還不如去別家買，不給你賺！」長此以往，這家店很快就會面臨到門可羅雀的危機。

也因此，「真誠的笑容」可以說是吸引客戶的基本態度。業務員除了要注重外在裝扮的修飾，還要注意臉部的表情是否討人喜歡。不管你的服務有多麼完善，如果你的表情陰沉、不苟言笑，這都會讓客戶自然而然地產生抗拒心理。

每個人一出生，不需要學習就能夠自然地咯咯笑。當然，笑臉也分成很多種：有惡人卑鄙的笑，有好人溫柔的笑。想想，俗話都說「伸手不打笑臉人」，當你總帶著一張和善、溫暖的笑臉時，不管任何人看到，都會自然地對你心生好感，且更容易對你敞開心房。

此外，這裡要特別注意的是，若你不是真心的綻放笑容，那麼不僅無法發揮效果，更會被對方一眼看穿你「假笑」的虛偽，造成更大的反效果。只有你綻放出像是很高興見到對方的自然笑容，才能讓客戶對你產生信賴。如此，送一個不花錢的禮物，你何樂而不為呢？

Story 10

讓名片替你增加曝光機會

湯姆．霍普金斯（Tom Hopkins）是全世界單年內銷售最多房子的房地產業務員，他平均每天賣一幢房子。他在三年內賺到了三千萬美元，二十七歲就成為千萬富翁。至今，漢克．霍普金斯仍是金氏世界紀錄的保持人。

當霍普金斯在做房地產銷售工作時，他每繳一次帳單時都會附上一張自己的名片，因為他無時無刻都在做著「推銷自己」的工作。

有一天，一位女士打電話給他：「先生，你不認識我，但我和我丈夫想換一間大一點的房子，我們想跟你談談這件事。」

「您怎麼知道我從事房地產銷售工作呢？」霍普金斯說。

「我是在處理你付給瓦斯公司費用時發現的。」

她接著說：「在我的辦公桌上，大概有兩疊你的名片。我之前並不是很留意，但是，我每次接到你的繳費單時，都可以看到你的名片。我想，不管你的用意是什麼，你應該都是個用心的人，所以認為找你應該沒問題。」

而霍普金斯和這對夫妻經過幾次的討論與實際看屋之後，終於買下了一間讓夫妻倆都滿意的房子，當然霍普金斯也從中賺取了一筆可觀的佣金。

推銷商品，其實在某種程度上，就是在推銷自己。

如果能讓更多的客戶都知道你，那麼就不用擔心商品賣不出去！因為，人脈就是一種錢脈。

然而，又該如何宣傳自己呢？首先，我們要對自己的工作充滿熱情，絕不放過任何一個推銷自己的機會，甚至要主動去創造能夠宣傳自己的機會，讓自己隨時隨地都出現在客戶的生活中，這才是最高明且最低調的行銷手法。

推銷除了貴在直接面對客戶，我們也別輕忽間接推銷的效果。要知道，任何人在某一天都可能成為你的客戶，平常不經意地遞送自己的名片，在無形之中，你的知名度打開了，就能為自己贏得無限的商機。

Tips 行銷小提點

如何成為業績NO.1的業務員？

我們說訂立高目標、堅持到底、絕不妥協，確實可以幫助業務員變得更優秀，並且提升銷售成績達數倍以上。主要的實行方法如下：

❶ 訂立高目標「勉強」自己：

在有限的時間裡想完成多少工作，這就是目標；如果沒有設立目標，那麼工作就沒什麼意義了，因為當你完全不用看能力、看表現時，當然也就不會進步了。

所謂銷售的工作，一定要有一個數字的依據，以訂立一個明確的目標。

那麼要如何訂立適合自己的目標呢？一般而言，設定比自己能力略高的目標，可作為刺激自己不斷進步的一股動力。

但是若想成大事、立大業的人，則可以訂定自己覺得不可能達成的目標。因為訂立一個超過自己能力的目標也許很容易失敗，但如果我們不檢討、也不改進，還照著失敗前的做法來處理，那麼永遠也不可能成功。

想得到更甜美的果實，當然需要更大的付出與犧牲，即使失敗了，也能夠當作是人生經驗的一種磨練與學習。同時在這樣的過程之中，你會發現自己成長得非常快速。

❷ 磨練銷售技巧：

試著接觸更多客戶，面對各種困難和挑戰，學會解決它！這就是使你的銷售技巧逐漸完備的最好方法。

此外，要能磨練出銷售的「感性」，升級對客戶的「服務態度」，就能使當前的成交率提高二至三倍。

❸ 與新舊客戶打好關係：

記住，維持住老客戶，即使是微不足道的小客戶，也不可輕忽怠慢。而對於只交易過一次的客戶，你也該保持聯絡。因為一個喜歡你的客戶會願意介紹新客戶給你。

所以，若想拓展你的銷售網絡，使你的客戶人數從一變十、十變百、百變千……就應該從你目前所認識、所擁有的客戶開始做起，使客戶成為你最得力的「助手」，你可以試著密集拜訪成功可能性較大的客戶。

❹ 以最短時間達成目標：

學習有方法地加快你的腳步，一般人一年才能完成的事，你必須期望自己九個月就可以完成；別人花一個星期去做的事，你只需要五天。每天加快一點點，如此才能拉開與他人的距離。

❺ 從一而終不鬆懈：

不管他人的銷售成績如何，你必須不斷地前進、再試著挑戰自己，往設定的最高目標邁進，如果因為業績還不錯就稍作休息，將拜訪客戶的進度鬆懈下來，那麼很快就會讓別人超越。

以上幾點，都是能使你提高銷售成績的方法之一，或許實行起來並不容易，然而也正因為行之不易，所以業務員的人數雖多，但業績優秀的業務員卻只有鳳毛麟角。真要仔細探究的話，方法百百種，最大的關鍵仍然看你是否有這個決心與毅力拚搏下去。

Story 11

名為誠信的火災理賠金

著名的J.P.摩根公司是由美國的銀行家約翰．摩根（John Pierpont Morgan）所創建的，其歷史可以一直追溯到一八七一年他所創建的德雷克希爾—摩根公司（Drexel, Morgan & Co.）。

J.P.摩根公司曾經是美國史上最有聲望的金融服務機構，曾參與過美國鋼鐵公司的創建與新英格蘭地區鐵路的修建，也曾多次協助美國政府發行債券，以解決國家財政問題，是具有相當政經地位的著名大企業之一。

然而在一八三五年時，當約翰．摩根成為一家名為「伊芳特納火災」的小保險公司的股東後不久，一位「伊芳特納火災保險公司」的保戶家裡就發生了火災。

按照規定，保險公司必須給付理賠金，但是，如果完全付清理賠金，保險公司就會破產。不少投資者顯然沒有經歷過這樣的事件，個個驚慌失措，願意自動放棄他們的股份，因為他們不願承擔掏錢賠償投保人的損失，紛紛要求退股。

然而摩根斟酌再三之後，認為自己的信譽比金錢更重要。於是他開始四處籌款，賣掉自己的房地產，再將理賠金全數付給保戶。

一時之間，「伊芳特納火災保險公司」聲名大噪。

幾乎身無分文的摩根還清了保險公司所有人的股份，但保險公司已經瀕臨破產。無奈之下，他打出廣告，凡是再投保「伊芳特納火災保險公司」的客戶，理賠金一律加倍給付。

他沒有料到，沒多久，指名投保火險的客戶真的蜂擁而至，而「伊芳特納火災保險公司」也自此之後崛起。

結果，摩根不僅為公司賺取了利潤，也贏得了無價的「信用資產」。如此成功的信用資產不僅讓他自己終身受用，甚至讓後代子孫持續受其恩澤。

許多年後，J.P.摩根主宰了美國華爾街的金融帝國，紐約大火燒出來的信用，後來成了摩根家族的「遺傳基因」，世代相傳，發展成一套經營哲學和人生哲學，進而建造起他的金融帝國。而淺而易見地，成就摩根家族的並不僅只是一場火災，而是比金錢更有價值的「信譽」。

君子愛財，取之有道。摩根家族之所以會崛起，與其創辦人始終堅持的原則有很大的關係，「誠信」二字，使他們擁有了最寶貴的無形資產——「信譽」。

同理可證，行銷的意義不僅只是行銷商品，更是一種行銷「企業形象」以及「個人信譽」的表現。

而能展露出專業信譽的業務員，不但可贏得客戶的信任，使其成為老客戶，更能永續發展自身日後的業務生涯。

因此，「講信用」、「守誠信」，即是成功行銷的秘密武器，有了這個武器，走到哪都能無往不利。

部分坦白更能得客戶信任

說到「信譽」，世界最偉大的銷售員喬·吉拉德（Joe Girard）曾說：「誠實是推銷之本。」也就是說，向客戶推銷你的產品，事實上就是向客戶推銷你的「誠實」。

據美國銷售相關研究統計，有七成的人之所以從你那裡購買產品，那是因為他們喜歡你、信任你的關係。因此，要使交易成功，「誠實」不但是最好的策略，而且還會是最有效的策略之一。

正因虛假付出的代價是很大的，美國的銷售專家曾對此深入分析道：「一個能言善道而心術不正的人，能夠說服許多人以高價購買低劣甚至無用的產品，但卻會因此產生三個敗筆：一是顧客損失了金錢，也喪失了對業務員的信任；二是業務員可能因這一時的收益而斷送了銷售生涯，自此業績不振；三是以公司及產品品牌來說，損失的是社會聲望與公眾對它的信賴。」

因此，做生意不一定要三寸不爛之舌，把產品吹捧得天花亂墜才賣得出去，有時老老實實地說出商品的優缺點所在，反而能使商品更具吸引力。因為聰明人都知道，天底下並沒有完美無缺的東西。

也有人這麼說，對於高知識水準的客戶要坦白商品的缺點，對於低知識水準的客戶則要盡力地將商品說得完美無缺，對此筆者並不這麼認為。

因為多數的經驗都告訴我們，「生意經」經常不同於一般知識，有時更會出現想像的反差。

況且你以為對方的知識水準低就不說實話，但你又怎麼能確定他的家人孩子不是個知識份子呢？

加上現代人的知識水準普遍都提升了，一般人都有一定程度的判別能力，若你只憑著花言巧語就想矇騙客戶，那麼只是一種「殺雞取卵」的愚昧買賣，對於你的前途來說只是弊多利少。

相反地，如果你能根據商品的性能與特色，對客戶做「某種程度」的坦白，反而更能贏得對方信任。且如果客戶事後回來抱怨，那麼你也有個臺階可以下，因為你已經先將醜話說在前了。

記住，在銷售時與客戶以誠相待，那麼，未來你每一次的生意都將越做越成功，而且歷久不衰。

那是因為真心服務能讓客戶更信任你，無論是下次、還是下下次都會持續找你消費，甚至主動介紹自己的親朋好友給你做生意呢！

Story 12

用數字開張炸雞店

據說，美國肯德基炸雞店在決定進軍大陸市場之前，曾先後派過兩位執行主管到北京考察市場。

聽聞第一位考察者下了飛機之後，來到了北京街頭，他看到川流不息的人群，便回去報告中國市場大有潛力，結果最後被總公司以不稱職為由，降級調職。

接著公司又派了第二位考察者。

第二位考察者用了幾天的時間在北京幾個主要街道上計算行人的流量，然後又向五百位不同年齡、職業的人進行問卷調查，徵求他們對於炸雞味道、價格與店面設計等等的喜好與意見。

不僅如此，他還同時對北京的雞源、油、鹽、蔬菜和雞飼料等原料進行調查，並將樣品、數據等帶回美國逐一進行分析，經電腦彙整之後，做出一份報告表，進而得出肯德基打入北京市場具有龐大競爭力的結論。

果不其然，北京的肯德基炸雞店開張不到一年，營收就高達了二百五十萬元。原計畫五年才能回收的成本，不到兩年就回收了。

這是一個成功的市場調查範例，有時候話語雖然有著一定的說服力，但卻無法精準地表現出市場導向的可信度。

然而數字或者相關分析的圖形雖然沒有帶什麼情感色彩，但卻能具體反映出最貼近事實的資訊，使我們做決策時能有更值得參考的依據，以降低失敗的可能性。

因此，在我們準備開拓一個新市場前，應當善用具體可信的調查數字來證明自己的結論傾向成功。

站在客戶的立場想

當要進行市場調查時，也不能忽略消費者的真實意見。

例如現代的職業婦女越來越多，白天在家的不是老年人，就是尚未入學的兒童，業務員若想做基礎的登門拜訪也恐怕常是求見無門，能與客戶直接做面對面溝通的機會銳減。

因此業務員只好針對一些能做家庭訪問的客戶，千方百計地推銷產品，直到產品售出，爭取到更好的業績為止。

然而此種不顧一切要賣出去的行銷方式，卻使得客戶備感壓力，因此對業務員產生了慣性的厭惡。因為這習慣性反感心理使得更多數的客戶在你展開銷售之前，就會一口回絕，讓你吃好幾次的閉門羹，無法得到交談的機會。

抱怨吃閉門羹的人很多，但卻很少有人能以另一種心態來面對吃閉門羹這件事。

想想，是否有多次生意是在你第一次、第二次都遭到拒絕，而終於在第三次、第四次拜訪時談成的呢？如果你能用誠意敲開客戶的心扉，就更能與對方拉近距離。

其實，站在對方的立場想，假設有陌生人突然闖入你家，要向你推銷產品，那麼拒絕對方似乎也是理所當然的事。因為每個人都有權利拒絕「無端的騷擾」。因此，吃再多的閉門羹也不必太在意，畢竟對方只是拒絕推銷這件事，而不是拒絕你這個人。

曾經有位資深的業務員說過這樣的一句名言：「把『吃閉門羹』這件事想成是客戶給你的人情債。」因此，在這個行業工作多年，他都能坦然地承受拒絕。

多數客戶都會以「現在用不上，不需要。」這類話語來拒絕你。然而他真正所要傳遞給你的訊息是——我現在還用不著你的這些產品，不必浪費時間了，快到下一家去碰運氣吧！

如果能以感激的心情來聆聽這些冷漠的拒絕，你就不會再有挫折感了。而且，抱持著感恩的心，更會讓客戶感受到你親切有禮的態度。

不過，有時你也可以適當地緩和這種被拒絕的場面。

當對方說：「我得和先生商量看看，如果我擅自做主的話，會被先生罵的。」那麼你就可以回答：「哎呀！對啊！如果為了這件事讓你們夫妻傷和氣的話，就太不好意思了，不如你們先商量看看，改天我再來拜訪。」如此一來，就能讓彼此都有個緩衝的時間和空間。

不過，並非所有的客戶都必須真的和先生商量，多半都只是敷衍、應付你的客套話而已。

因此，你必須學著分辨說話的口氣，將客戶拒絕的話語加以區別，判斷其真偽程度，再決定要如何回答。

例如，剛出道的業務員一聽到客戶說沒錢時，多半會回答：「那下次有機會再跟您介紹了！」或者「不管怎樣，還是希望你能好好考慮考慮！」如果這樣處理，那根本不太可能談成任何交易。

而此時老練的業務員就不同了，客戶如果說「沒錢」，他就會這樣玩笑地說道：「您真愛開玩笑，您沒有錢，那誰還有錢呢？」

或者當客戶說：「我考慮看看。」時他就會回道：「那我明天再來打擾您，等待您的好消息。」他的姿態會步步逼進，客戶當然無法招架。

你可以試著從客戶的拒絕當中，判斷客戶的拒絕究竟是藉口，還是另有原因。因為「嫌貨人才是買貨人」，處理完問題之後，再掌握促成的時機，此時就有成交的可能。

銷售，就是必須跨越客戶的推辭才能向前逼進的一種工作。因此，必須先研擬一套以客戶的立場所想、應對客戶拒絕的話術，才能在最後出奇制勝。

Story 13

送一幅牡丹的畫作當賀禮

有一位富商想買一幅畫作當作好友的生日禮物，於是走進了一家畫廊。「我想要一幅最有品味、最有深度的畫，因為我準備送給朋友當成五十歲的生日賀禮。」富商簡單地說。

畫廊老闆端詳著眼前這位衣著整齊、氣宇不凡的客人說道：「牡丹向來代表著大富大貴，意義簡單又明瞭，您不妨送他一幅牡丹的畫作吧！」

商人點了點頭，便買了一幅牡丹畫回去。

當他出席了朋友的生日宴會，當場將那幅牡丹畫作展示出來時，所有的賓客看了無不讚嘆這幅美輪美奐的作品。

然而正當商人沉浸在眾人的讚揚時，忽然有賓客驚訝地說：「嘿！你們看，這真是太沒誠意了，這幅畫最上面的那一朵牡丹，竟然沒有畫完！這不就表示『富貴不全』嗎？」此時在場所有賓客都發現了，大家都認為牡丹花的確沒有畫全，確實有種「富貴不全」的缺憾。

但全場最難過的人莫過於這位富商了，他只怪自己當初沒有好好細看這幅畫，原本的一番好意反而在眾人面前出了糗，而且還無法改變「牡丹花沒畫完」的事實。

這時候，身為壽星的主人站出來說話了，他表示非常感謝好友的心意，然而賓客們都覺得莫名其妙，被送了這麼一幅沒畫完的不吉利畫作，怎麼還要道謝呢？

然而主人卻說：「大家都看到了，最上面的這朵牡丹花真的沒有畫完邊緣，但這卻是因為牡丹代表著富貴，而富貴卻是『無邊』，所以他的意思其實是在祝賀我『富貴無邊』啊！」

「太絕妙了！」眾人聽了無不驚嘆，原來這是幅有品味且深富含意的畫作啊！

而商人是在場賓客中唯一感受到兩種不同心情的人，他更是佩服自己的好友——主人的智慧了。

商人同時理解了即使是再有才華的畫家也難免會有意義傳達上的混淆處，然而是否有好的結果，只能端看他人如何解釋如此的「不圓滿」了。

任何人事物從不同的角度去理解、去看待，就會產生完全不同的意義。商品也是如此，天底下的任何商品都不可能是完美的，因此不同的客戶看待所謂「不完美」的商品，也會產生截然不同的理解與感受，這些都是再正常不過的表現。

但這卻不足以影響行銷效果，因為此處最大的關鍵是要迎合客戶的「性格」與「喜好」，給他一個讓他聽起來高興又滿意的解釋，那麼商品的「缺點」就能瞬間「消失無蹤」了。

參與客戶夢想的銷售法

迎合客戶的喜好，可以讓他參與商品所能帶來的夢想。為了讓讀者更清楚瞭解什麼是「參與式銷售」，筆者舉一個實際的例子來說明：

郝美麗在國泰人壽保險公司擔任業務經理。

有一次，她談到她的親身經驗。大約在四年前，她向一位輔仁大學的教授推銷小孩的教育保險，剛開始介紹時，女主人似乎無動於衷，不管郝小姐如何說明，都無法打動她的心。後來話題聊到孩子時，女主人抱怨著說：「這個孩子一點都不像他爸爸，倒像我一樣頭腦不太好，我真擔心，將來他怎麼像他爸爸一樣成為一名老師呢？」

郝小姐聽了吃驚地說：「你們擅自決定他的未來，沒有考慮到他的興趣，那當然很難激發出他的潛能。也許你們夫妻都希望他像爸爸一樣成為教授，但您有沒有想過，他喜歡研究生物和人體構造，也許他會想考醫學系也不一定。如果考上醫學系，每學期的生活費、住宿費又是一筆龐大的開銷，再想，如果他畢業後自已出來開業，到時又需要一筆創業的資金。」

一語驚醒夢中人，郝小姐將這位母親對孩子的期望拓寬了，於是這位媽媽滿懷期望地準備資金，並且鼓勵孩子當醫師。三年後，她的孩子果真考上了陽明醫學院牙醫系。

而郝小姐就是針對母親望子成龍的心理，不斷地誘導出她的期望並且鼓勵她，結果不僅說服了這位母親投保，實現了這位母親的夢想，更親自參與了這個夢的實現，她不但把保險銷售給客戶，更將幸福與喜悅帶給了客戶，這才是行銷的最高境界。

玩學習遊戲軟體會上癮嗎？

銷售學習遊戲軟體的業務員凱文對著一位父親問道：「您的孩子快上小學了吧？」對方愣了一下回道：「對呀。」

凱文便說：「孩子在國小階段是開發智力的重要階段，我們公司開發了不少遊戲教學軟體，對您孩子的智力提升非常有效！」

這位父親回道：「我兒子不需要什麼遊戲軟體，都快上小學了，如果讓他沈迷這些東西，那豈不是在起跑點就輸了嗎？難道你沒聽過『玩物喪志』嗎？」

凱文聽了說道：「我們推出的這個遊戲軟體是專為國小學生設計的，這個遊戲是將數學、英語串連在一起的智力遊戲，絕對不是一般的卡通遊戲軟體。而且，它的主要目的是在加強小學生的數學與英語能力，具有教學的功能。」

看到這位父親開始猶豫了，凱文接著說：「先生，現在是一個幾乎每個人都會上網與使用智慧型手機的時代，現代的小朋友已經不像我們小時候那樣只能從課本上學習知識了，他們會用電腦和ipad等3C產品玩遊戲或者上網，如果我們能讓遊戲軟體變成小朋友習慣的學習工具之一，那麼學英語跟算數學就會變得更有趣了！」

接著，凱文從公事包裡拿出筆記型電腦，當場示範給這位父親看：「這就是剛才說的遊戲學習軟體，您可以自己動手玩玩看跟做測驗，您會發現裡面的講解非常清楚，而且設計的關卡過程非常有趣！」果然，這位父親被畫面吸引住了。

凱文又說：「現在的孩子很好命，一生下來就有電腦、電動、手機可以玩，在一個富裕的環境裡長大，很多家長為了不要讓小孩輸在起跑點上，往往花再多錢都在所不惜。我今天拜訪了幾個家長，他們有一半以上都買了這個教學軟體，我覺得只要是對小朋友的學習有幫助的，爸爸媽媽都會很樂意去嘗試，他們還要求我一有新的教學產品上市就要告訴他們呢。」

最後，這位父親表示希望兒子可以邊玩邊學英文，便購買了這個遊戲學習軟體。

成功的業務員清楚客戶心中想要的是什麼、擔心的又是什麼，能將自己商品中的特色詮釋成客戶內心所想的，這就是一種必備的說服技巧。

當我們和客戶進行面對面銷售時，要能先充分瞭解自己產品的特色與效用，然後藉由交談來瞭解客戶的需求與不滿意之處，並從中找到「有共識」的部分。

因為客戶通常只願意買自己想要、對自己有用的東西，但如果是在你的說服之下認為自己「的確」需要這個產品而購買時，那麼你就成功了！

拜訪客戶前，該做什麼準備？

拜訪客戶之前，你必須做好充分準備，以瞭解客戶的需求，甚至其公司的財務狀況。

對象若是企業的話，最方便快速的方法便是透過網路搜尋受訪公司的資訊。你可以將公司的資料下載，瞭解對方公司的組織、經營者的姓名、公司的產品以及銷售通路，甚至包括公司有無相關的負面新聞等等。

最重要的是，要瞭解客戶的商業模式、原物料上游供應狀況、以及下游的經銷體系，甚至主要客戶是誰等等你都必須瞭若指掌。如此在面對客戶時，你也才能完整且清楚地為客戶說明，你的產品對他們能有多大的幫助。

準備充分之後，行程的安排很重要。

若是從事國內銷售業務，那麼一般在安排行程上多半不成問題；但若是在國外，要特別注意及規劃的事項較多，尤其是文化上的不同，因此行程之安排最好能以客戶的習慣做調整。

還有必須確定行程的目的是什麼，例如「接單」、「客訴」、「例行拜訪」等所需準備的文件就各有不同，並注意拜訪客戶的禮物不須太貴重，否則容易被懷疑另有企圖。此外，對於受訪客戶國家的歷史、國情最好能有基本認識，特別是西方國家或者小國家，這會讓對方產生完全不同的感受。

再者，建議用該國語言牢記客戶的名字。在國外出差時儘量與客戶拍照，方便做完整的紀錄，以便下次其他同事出差時能知道客戶的職稱與姓名，這種做法也會讓對方覺得很親切。

對象是一般客戶的話，那麼選擇客戶的標準包括客戶的年收入、職業、年齡、生活方式和嗜好。一般來說，客戶來源有三種：

1. 現有客戶所提供的新客戶資料。

2. 從報章雜誌上的人物報導中收集的資料。

3. 從職業分類上尋找客戶。

在拜訪客戶前，一定要先問清楚客戶的姓名。例如，想拜訪某公司的副總裁，但不知道他的姓名，就可以主動打電話到該公司，向總機或公關人員請教副總裁的姓名。知道了姓名之後，就可以進行下一步的推銷行動。

記住，拜訪客戶是要有計畫性的。首先，先將一天之中所要拜訪的客戶都選定在某一區域之內，這樣可以減少來回奔波的時間。據筆者的經驗，利用四十分鐘的時間做拜訪前的電話聯繫，即可在某一區域內選定足夠的客戶供一天拜訪之用。

沒有拜訪客戶的日子，也要繼續聯絡客戶，約定拜訪時間。同時，也利用這時間整理各個客戶的資料，記得將拜訪對象集中在區域內，以減少往返奔波，才能更有效地利用時間。

美國著名的證券經紀人馬丁．謝飛洛說：「一個人一天的時間就是那麼多，誰越會利用時間，誰的成就就越大。而據經驗顯示，能力相同、業績相似的兩位業務員，如果其中一位拜訪客戶的次數是另一位的兩倍，那麼這位業務員的成績也一定是另一位的兩倍以上。因此，要成為優秀的業務員，一定要學會準確利用時間，將拜訪客戶列為第一要務，其次是聯絡客戶約定拜訪時間，再其次才是整理客戶的資料。若能照著這樣做，那還能不成功嗎？」

Story 15

送太太的情人節禮物

在西洋情人節的前幾天，業務員薇琪正在推銷自家的保養品，然而她當時並未意識到再過幾天就是二月十四日西洋情人節了。

當她進行固定的老客戶拜訪時，男主人出來接待她，薇琪於是鼓吹男主人幫自己家的太太買一組保養品，男主人聽了似乎有些興趣，但仍然沒有明確地說出買或不買。

忽然，薇琪無意中看見不遠處的花店門口有一張海報，上面寫著——「浪漫情人節給她的愛情誓言：紅玫瑰99朵＝愛情久久！」。

薇琪看了靈機一動，便對男主人說：「先生，再過幾天情人節就要到了，不知道您幫您太太準備禮物了嗎？她平時總是忙著家事跟帶小孩，我想，如果您送這套保養品給她的話，她一定會非常開心的！您看我們這組保養品採用了最新配方，同時有美白、除皺、去斑的效果……如果您想送化妝品，我們也有彩妝的暢銷排行榜可以供您參考。」

男主人聽了眼睛為之一亮，覺得薇琪說得有理。

薇琪趕緊抓住時機說：「每位先生都希望自己的太太在結婚後一樣光彩迷人，我想您也不例外，更何況，看您這樣風姿瀟灑的樣子，您太太更是氣質出名呢。」男主人聽了果然開心地笑了，便詢問起保養品及化妝品的價錢。

「這套保養品雖然價格偏高，但是效果超群，更何況先生您對太太的愛不是用價錢可以計算的吧。」

於是一套昂貴的保養品就這樣推銷出去了。

後來薇琪在情人節前夕不斷地如法炮製，果然又順利地賣出了幾套保養品。

記住，挖掘客戶的潛在購買慾，是使銷售能成功的重要秘訣之一。

行銷人應善於運用各種有利於產品銷售的節日與事件，不斷地適時給予潛在客戶恰當的提示，進而引導到你的產品特色上，在兩者之間做一番連結。

如此一來，就能激發出他們的購買欲望，就能達到你成功行銷商品的目的。

好的開場白使客戶願意交談

在推銷中，最常見的方式莫過於登門拜訪。

然而當你第一次按了陌生客戶的門鈴時，你曾想過要如何給對方一個好印象的開場白嗎？

「先生（小姐），您需要……嗎？」這是最常見也最容易失敗的開場白，更是犯了最基本錯誤的說話方式，因為這麼唐突而明確的問句，十之八九都會遭到「我不需要」的拒絕，特別是當對方還沒遇過上門推銷這種狀況的時候。

每個業務員在第一次訪問時，對於該聊些什麼話題都會覺得非常棘手，即使再老練的業務員，也很少有人會認為自己有把握。但這是推銷非常重要的第一步，業務員都需要特別注意這個階段。而且記住，開場白越直截了當越好，儘量簡潔一點，效果會更好。

對業務員來說，再也沒有比吃閉門羹更叫人難受的事了。目標客戶就在眼前，但想表達的話語，卻因對方的拒絕而無法傳達，更別提業績是否能達成了。

然而站在客戶的立場著想，也不能怪他們，對於來意不明的陌生人，一般人都會有著防備心態，何況是得花時間與之交談的業務員呢？

所以，叩關的第一步是每一個業務員都應該花心思去學習和揣摩的。無論是拜訪經常往來的客戶，或者是初次見面的客戶，你都應該先告知自己的身分，並主動說出來意，以消除客戶的戒心。如果以模糊不清的聲調打招呼，那麼即使是負有盛名且信譽良好的銀行所派出的業務員，客戶也會質疑你的來歷。

通常以適度明朗宏亮的聲調報上自己姓名的業務員，很少會讓客戶起疑心。此外，有禮且適當的稱謂，不僅使人感到親切，也能對你感到放心。

因此，在拜訪活動中，不論對象是個人或者公司行號，都必須以明朗清晰的聲調和大小適度的音量，大方地向客戶打招呼。

雖然每個人的情緒都難免會有不穩定的時候，此時聲音通常會顯得低沉而了無生氣。但如果以這種心情去工作，一定成效不彰，所以我們應該振奮精神，以開朗有朝氣的音調與客戶打招呼才是。

如此一來，你精神飽滿的招呼與開朗端正的服務態度，都會使得客戶更信任且更樂意與你交談。

總之，開門見山、精神飽滿的招呼方式，是贏取客戶良好印象的最佳武器。

因為初次見面時，我們會根據對方的表情、體態、儀表談吐、禮節等形成對方給你的第一印象，此時的影響最大、持續的時間更長，會比日後此人事物所傳達出的訊息更為深刻。

此外，人們多半喜歡有個性或是特別的人，就是因為他「跟大家不一樣」，所以對他特別有興趣。「有個性」意味著更吸引他人的注意，也意味著會比他人有更多的機會，因為他的個性暗示著他或許有別人沒有的東西，也暗示著他也許能做到別人做不到的事情。

若你能與他人初次見面時就展現出自己的特別之處，使對方看到自己與眾不同的一面，讓人留下「你和別人不一樣」的鮮明形象，那必定更為加分。

當外在的部分「完美」了之後，在自我表達的部分就必須盡量發揮你的聰明才智，平時可多涉獵各種知識作為話題素材，以期能在對方的心中留下良好的第一印象，因為這種先入為主的效應會左右對方很長的一段時間。

因此，在某些事物上你要勇於說出自己的看法或是做出行動，你就能自然地脫穎而出。當然展現這樣獨特的行為，不是「為了個性而個性」，而是以與眾不同的方式來展現自己，以達成在他人心底留下「你很特別」的形象目的，如此才有助於你的產品行銷。

Story 16

告訴你這塊地便宜的理由

威廉是一位不動產的業務員，近期負責銷售一塊地。

這塊地約有八十畝，靠近火車站，交通很方便。但是，附近有一間鋼鐵加工廠，打鐵及研磨機器的聲音十分擾人，讓人無法忍受。

威廉想將這塊地推薦給史蒂芬，史蒂芬住在鬧區裡，一天二十四小時生活在噪音之中。而威廉的理由是，這塊地的價格、地點和史蒂芬的要求完全吻合，而且，史蒂芬對於噪音已經習慣，也許不會太在意這一點。

威廉在介紹這塊地給史蒂芬時說：「史蒂芬先生，這塊地的價錢比較便宜。當然，便宜有它便宜的理由，最大的問題就是會受到鄰近工廠的噪音干擾，但這塊地的其他條件都與您要求的大致相同。」

經過幾個禮拜之後，史蒂芬決定買下這塊地。

他對威廉說：「你特別提到噪音的缺點，其實，噪音對我來說是不成問題的。我現在住的地方就經常會聽到大貨車來往的引擎聲，聲音大得可以震動我家的門窗。而且這家鋼鐵加工廠每天早上八點開始作業，最晚只到下午五點就關門了，所以對我來說更不是個問題。先前我看過很多塊地，許多業務員跟我介紹時都會帶過缺點，甚至不說缺點，但我不認為世界上會有那麼完美無缺的事物。像你這樣清楚地告訴我問題在哪、為什麼會這麼便宜的原因，我反而更放心了，所以我決定跟你簽約。」

許多業務員向客戶介紹產品時，都恨不得將產品說得極其完美。但其實，現代的客戶早已不再只聽信業務員說的「片面之詞」就決定購買了，他們會透過網路來搜尋使用者對產品的評價，或者對產品進行比價後才做決定。

我們說業務員應該「以誠至上」，無論是商品的優點和缺點都應向客戶說清楚、講明白，如此不僅能在客戶心裡留下好印象，更會使客戶對你所推銷的產品產生信賴，長期來說，這更是百利而無一害的。

Tips 行銷小提點

推薦對的人對的物件

一天之中，你和幾個人談過話呢？

一位著名的行銷大師說：「做生意的秘訣是什麼呢？很簡單，就是儘量去接觸更多的人。」

作為行銷人員，不外乎就是為了更好的業績。而賺錢的根本是什麼呢？答案非常簡單，就在聚集人氣的地方。

錢終究只是貨幣，它沒有生命，不會自己動，而能運用錢的人就只有人類。所以，若想要業績長紅，就必須出現在更多能接觸到陌生人的場合。

社會的物資豐富多樣且充沛，不要認為有誰能絕對獨占市場，因為任何行業都一定會有競爭對手。

那麼我們又該如何招攬忠實的客戶群呢？又要如何才能吸引

到錢潮呢？這裡有一個非常清楚的答案，因為多數人都會這麼想：反正是買同一種商品，不如就向認識的人、常去的店家購買比較安心吧！

很簡單的道理，如果買的是經常要用的東西，那麼當然是到自己認識的地方購買會覺得比較安心，這是一種慣性的想法。

例如，有一個賺錢的機會，或是有一份需要有人來做的工作，你第一個想到的人選，肯定會是自己認識的人。

所以，在一天結束之後，業務員要回想自己今天到底和多少人說過話？認識了幾個人？接著立定第二天的目標，就是要和更多人說話、認識更多的人，並維持聯繫。

因為一個不變的道理是，金錢的成長和認識的人數多寡成正比。

你的性格潛力能發揮到什麼程度？

假設你正在汪洋中乘船出遊，四方八方盡是一望無際的藍色大海，突然有個東西從水平面上映入你的眼簾，你認爲那會是什麼呢？

A. 陸地。

B. 另一艘船。

C. 日出。

D. 鯨魚。

選擇A

你的個性較保守安分，不求標新立異，更別說是要大聲地表達自我主張。你可能自小受到壓抑或者社會規範較深，因這通常是家中的長子、長女會選擇的答案。因為無法打破既有觀念，習慣墨守成規，不能盡情展露個性，發揮出自身潛力，也因此較容易錯過有特殊成就的道路。

選擇B

你對於展現個性與潛力有些猶豫，可能自己仍迷亂在兩極化的想法之中，時日越久就越心生慌亂，對如何發揮自己的潛力有勉強、無力的感覺。水平面上的船，本該是你的嚮導，本該讓你有所追尋，但如果沒有貴人從旁協助，你就很有可能一直浮沉在浪潮之中，迷失方向。必要的時候，建議可諮詢長輩，請求給予你適當的協助。

選擇C

日出代表著一日的新生開始，也是活力朝氣的象徵，你能夠把自身的潛力發揮得淋漓盡致，同時你的爽朗個性也可為你開闢出成功大道。也許起初不甚順遂，偶爾有烏雲阻擋，也或許不得人緣，甚至受到排擠，但你終究能以你的真性情走上成功的道路。

選擇D

你生性好妄想，老是想一些有的沒的，偶爾會有好高騖遠、不切實際之處，但有時又會不自量力、眼高手低，以至於常讓工作陷入困境當中。你尤其討厭呆板的工作，但往好處想，你的幻想力、創造力頗佳，若能往正途前進，應能發展出自己獨樹一格的事業表現。

搶先別人一步的
行銷訣竅

Stories For Enhancing
THE MARKETING ABILITY.

Story 17

要賣梨子還是裝梨的竹簍？

在浙江流傳著這樣一個真實的故事：

從前，有兩個年輕人一起開山闢地，一個把大石塊砸碎成小石子運到路邊，賣給建造房子的人；另一個則直接把石塊運到碼頭，賣給杭州的花鳥商人，因為這裡的石頭總是奇形怪狀，而他認為賣重量不如賣樣式好。不久之後，他成為這個村裡第一個蓋起瓦房的人。

後來，中國政府不允許開山，只允許種樹，於是山裡成了果園。每到秋天，滿山遍野的鴨梨招來了商人，他們將堆積如山的鴨梨一簍一簍地運往北京和上海，然後再坐飛機運往韓國和日本外銷，因為山裡產的鴨梨，鮮脆多汁，遠近馳名。

然而就在村人為鴨梨所帶來的商機而雀躍時，這名年輕人卻突然種起了柳樹。因為他發現，來這裡的商人不愁挑不到好鴨梨，只擔心買不到裝鴨梨的簍子。五年之後，他成為村裡第一個在城裡買房的人。

後來，有一條可以貫穿南北的鐵路建造而成，村裡的人上車後，北可以到北京，南可以到九龍。小村對外開放之後，果農也從只賣鴨梨，擴展到了水果的加工與市場開發。

到了九〇年代末期，日本的豐田公司亞洲區代表山田信一來到中國考察，當他坐火車路過這個小山村，聽到這個故事時，就被這思緒清楚的商業頭腦所震驚，他決定下車尋找這個青年。

當山田信一找到這個人時，這名青年正在自己的店門口與對面的老闆吵架，因為當他店裡的西裝一套標價一千八百元時，同款西裝對面只標價一千七百五十元；當他標價一千七百五十元時，對面就標價一千七百元。一個月下來，他只賣出了八套西裝，而對面卻賣出了近百套。

山田信一瞭解了這個情況之後，非常失望，以為這個傳說中的故事是假的。但是，當他發現真相之後，便立刻決定以百萬年薪聘請他。

因為事實的真相是——對面那家店其實也是這位極具商業頭腦的青年經營的。

成功往往屬於那些先想一步的人。在銷售過程中，一定要能目光長遠，搶先吸引客戶的注意，放長線釣大魚，逐漸形成彼此信任的良好關係才能維持長久。

而行銷產品時，更要常常自問，要如何用更好的方法將產品介紹給客戶，讓客戶覺得產品有足夠吸引力或者是如何以不同的行銷手法讓產品的銷售量增加。

因此，銷售人員要多研究他人的行銷方式，以修正自己的方向，如此才能創造出更多面向的行銷思維，甚至發現新的市場商機。記住，評估環境，將眼光放遠，再加上創新的點子，你就能發揮最強大的行銷效果。

挖掘出客戶的隱藏需求

全球最大的護膚品與彩妝品直銷企業之一的創辦人玫琳‧凱（Mary Kay）曾說：「不瞭解客戶的需求，就好比在黑暗中走路，白費力氣又看不到結果。」

聰明的業務員能斟酌客戶的狀況，提出有利於銷售的話題，例如「由於大環境不景氣，很多企業都在推行降低成本的方案，貴公司對於節省能源方面有沒有什麼對策？」等切身問題讓客戶回答，進而展開討論。

此時業務員必須以探索的方式發問、利用開放性問題來發問，好為客戶提供足夠的資訊思考。但是，許多業務員誤以為銷售就是要滔滔不絕地自吹自擂，往往只顧著自己說話，而忘記了促成交易的重點——讓客戶暢所欲言，藉此獲知客戶的需求。

行銷專家一致認為，在從事商品推銷以前，先「發覺客戶的需求」是極為重要的事。

因為在瞭解客戶需求以後，就可以根據需求的類別與大小判定眼前的客戶是不是自己的潛在客戶？值不值得推銷？如果不是自己的潛在客戶，就應該考慮——還有沒有必要再跟客戶談下去？這就是挖掘需求的最大重點所在。

Story 18

到另一座山去做生意

從前，有兩兄弟從小就失去了父母，相依為命地過著苦日子。長大之後，兩個人做起了小買賣，日子倒也還過得去。

一年夏天，弟弟對哥哥說：「我們總在自己村裡附近賣東西也不是個好辦法，應該試著到更遠的地方去找新市場。」

哥哥表示同意。於是兩個人就背著沉重的商品，大汗淋漓地想爬過一座山頭，準備到另一個村落去做買賣。

那年夏天特別熱，而另一個村落又與他們相距甚遠，汗水濕透了他們的衣服，熱得受不了的哥哥一邊擦著身上的汗一邊對著弟弟說：「哎呀！實在太熱了，我們以後不要自討苦吃到這麼遠的地方做生意了！」

弟弟聽了笑著回答：「但是我的想法跟你不一樣，我還想如果這座山再高個幾倍，那該有多好啊！」哥哥不以為然地說：「你曬傻了，山當然要越低越好啊！這樣我們來回就不用那麼辛苦了！」

弟弟便回道：「但是如果山很高的話，其他商人爬了不久，就會知難而退，那我們就可以多做一點生意、賺更多的錢了。」

哥哥聽了之後沈默不語，在接下來的路途上再也沒抱怨一聲了。

這是個積極開發新市場的例子。故事中弟弟的可貴之處就在於他敢於踏入他人不願涉足的領域裡尋求嶄新的商機，進而能獲取其中尚未被開發的利益。而這不單只是眼光放長遠的思考點，更是一種勇氣使然，因為機會經常躲在勇氣的背後。

在行銷中也應如此，即便是身處不景氣的大環境，我們也該試著拿出勇氣，找到逆境之中的新藍海。面對陌生的市場，我們反而更應抱持著正面想法，那麼即使是再大的困境我們也終能找到新方法去克服，開創出嶄新的商機。

Tips 行銷小提點

第一次拜訪的五大溝通訣竅

❶ 挑選話題：

選對了話題可以使彼此都放鬆心情，侃侃而談；選錯話題則容易使對方產生警戒心，甚至增加對方的不安，如此就容易讓此次的溝通中斷。因為交談不能只講求效率，而不顧及品質，其中的技巧就在於「見人說人話，見鬼說鬼話」，說對方想聊的才是最大的重點。

❷ 拿出真誠：

溝通時，無論是態度、神情、臉部表情、聲調、肢體語言，都要表現出你真誠的一面，唯有真心才有可能感動對方，瓦解敵意，一定要做到「言必由衷」。俗語說：「誠意感動天。」態度誠懇讓對方難以拒絕，也是最好的推銷技巧之一。與客戶說話時可用「我非常希望」、「我誠心邀請你」、「我很樂意」、「我不斷思考如何能與你合作」等語句。面對每一位客戶，一定要誠心誠意地與對方互動，讓對方不好意思說「不」，如此就能達成一筆交易。

❸ 吃快摔破碗：

若你在與客戶溝通時，一直表現得很急躁，顯露出你急於拿下這筆訂單，那麼就容易使對方產生壓力。除非你已經與客戶討論很久，就差那麼臨門一腳，否則如此的表現只會讓你顯得更沒有自信，也無法獲得客戶信任。

❹ 想法不同，也別當場反駁：

溝通不能直接反駁對方，或者是不顧一切開始爭吵，如果惹得對方不愉快而當場翻臉，更是一種反效果。

❺ 自主空間：

談判理論中的一種典型即是要給對方一個自主空間，才不會使得對方因壓力而感到不安、逃逸或者反擊。客戶要不要購買，除了緣分之外，更應該是你要先建立起彼此的信任橋樑之後，再建立友誼關係，這遠比急於推銷商品重要得多。

如果對方始終猶豫不決，你也無須心急，將重點說完就可以告一個段落，再客氣地請對方考慮。

若你能「欲擒故縱」不去勉強對方，那麼他或許會回過頭來；若是過度勉強，反而容易引起反彈，這就是一般顧客的普遍心理。

Story 19

牛瘟造成的蝴蝶效應

亞默爾肉類加工公司的老闆菲利浦．亞默爾，他有個習慣是每天讀報。

一八七五年的某天早晨，他坐在辦公室裡看報紙，突然，一則幾十個字的新聞篇幅，看得他精神緊繃地差點跳了起來——「墨西哥發現了類似牛瘟的病例！」

亞默爾看到報紙上刊載著墨西哥可能發生牛瘟，他立刻就想到墨西哥的牛瘟可能很快就蔓延到加州和德州，而這兩個州又是美國肉品的主要供應地，日後肉類的供應肯定會變得更吃緊，肉價一定會上漲。因此他立刻派醫師亨利去墨西哥了解疫情。

幾天之後，亨利發回電報，證實那裡確實爆發牛瘟，而且還很嚴重。亞默爾接到電報，便立即籌募資金，購買加州和德州的牛肉和生豬，並及時運到美國東部，儲存起來以備銷售。

不久之後，牛瘟果然蔓延到了加州和德州，美國政府因此禁止從該兩州運出牛隻。於是市場上肉類奇缺，造成了全美的牛肉價格暴漲。

而亞默爾則趁機將自己預先購進的牛肉和豬肉拋售，短短幾個月內，他就淨賺了數十萬美元，在這一次的疫情裡成為了最大贏家。

行銷人員應該具有敏銳的觀察力和判斷力，在一般人眼中也許是一個稀鬆平常的小事，但在擁有「敏銳天線」的人眼中看來，卻是一個再難得不過的商機。像牛瘟這一類的突發狀況，通常會導致一些食物或者民生用品的需求在短期內發生極大的變化，這些就是我們能多所利用的「商機」。

而「沃爾森法則」就是指若將訊息和情報放在第一位，金錢就會滾滾而來。這是出自美國企業家S·M·沃爾森所說的：「你能得到多少，往往取決於你能知道多少。」也就是說，能對資訊和情報掌握敏銳且能迅速行動的人，往往能因此獲取大筆財富。

而行銷人員更要能即時抓住獲利的商機，隨時隨地注意新的、不尋常的資訊。例如市場有什麼新動向？競爭對手有什麼新動作？隨時進行評估分析，就能洞燭機先，比誰都早一步開啟「先贏」的契機，如此不成功都很難。

Tips 行銷小提點

快速行銷＝網路搜尋

就網際網路而言，這是一個高消費族群的市場。其上網人口無論是在經濟、教育和社會等條件都均高於一般水準，消費能力也較高，且是一個不斷成長的大市場，成長率驚人，商機無窮。同時它不受時間、地域的限制，能夠無時無刻地不斷進行宣傳，是一個可明顯做出區隔的市場。

若能針對特定目標客戶行銷，效果是事半功倍。而網際網路是一個低成本的行銷工具，行銷成本低於目前各項媒體及通路，但效果卻是傳統媒體通路的數百倍。

網路最獨特的地方是具有充分溝通的「互動性」和「即時性」，過去與消費者之間的互動大多以廣告回函、直接郵寄或者Call-in等方式來表現。然而在網路上卻可以運用各種巧思的行銷方式與消費者之間產生互動，例如，舉辦留言按讚抽獎，藉由高度且持續性的接觸，強化消費者對商品的瞭解與認識。

「先給後拿」是網路行銷必須思考的策略，由於網際網路的通訊特色，只要提供各地的潛在客戶所需要的資訊或服務，就能贏得這些潛在客戶的歸屬感。當網友經常瀏覽你的網站的同時，這不僅增加了你們之間的互動性，你也擁有比別人更多的商機，但這個策略的思考正是著眼於——你必須先「給」，吸引更多人到你的網站；才能後「拿」，也就是說，只有在增加網站潛在客戶的前提之下，你才能掌握商機。

既然網路有以上這些優點，那麼網路有沒有什麼限制呢？以下是從消費者與生產者的角度來探討：

❶ 網路資源無地理位置限制：

網站的設立位置並不重要，重要的是「對誰傳播」。

❷ 對網路使用者來說，沒有國界，只有求知的極限：

對網路用戶來說，唯一的限制是語言。而這點可以說，臺灣有比全世界都優渥的條件。因為在一定教育程度以上的人，中文與英文的程度都可稱尚可，也就是說，這些人可以看的網站，比其他國國民要多很多。也就是說，同時能讀中文與英文的網路用戶，將享有更多的機會。

❸ 對網站經營者來說，充實的內容最重要：

以美國、加拿大或其他英語系國家的網站為例，因為語言相通，各網站所提供的內容亦能相通，間接也促使了彼此市場互通。同樣的道理，一個網站只要提供的是中文資訊，那麼當然可以以全球華人為假想市場，許多熱門網站，例如台灣的入口網站雅虎、中國的微博就有足夠的世界華人知名度。此時，國界已不再重要，重要的是，你的內容值不值得別人去看。

最後，對欲從事純網路事業的企業來說，不能不注意到一個現實，這個現實可以以「好萊塢理論」來說明。

何謂「好萊塢理論」？「好萊塢」是由大量的金錢和焦點所打造出的模式。什麼模式呢？那就是打造明星。

所以如果用「好萊塢」模式來看Internet時，現在正出現了這種傾向。它的確累積了大量的興趣、資金、焦點，但是到最後它必須塑造出「明星」來，所以在整個網路商場經營到最後，可能只剩下少數的網站可以生存下來，好比說只剩下一兩家的網路書店、一兩家的入口網站等創造的業績最好。

這種「大者恆大」的模式，在其他市場也是如此，例如網路書店、網路新聞網站等，因為只有前幾大才能有獲利、生存下去，因此會壓縮小網站的生機。而到時就只有兩個選擇，第一、自行退出；第二、等待併購。這是個不爭的事實。

由於網路的快速發展和資訊的爆炸，無可否認地，利用搜尋引擎來尋找想要的資訊，已經是許多人上網的首要目的。因此，面對有此需求的廣大網友，搜尋系統可說是協助企業推展廣告非常重要且還便宜有效的管道。尤其是對國際企業、外貿廠商來說，由於國際行銷費用所費不貲，因此國際搜尋系統已成為企業網站行銷世界不可或缺的主要媒介。如果企業官方網站無法在搜尋系統上輕易地被網友搜尋到，那麼網站的效益和價值將大打折扣。

也因為搜尋系統在網路上的地位非常重要，也因此搜尋行銷的概念應運而生。重點就是替自家的產品網站在搜尋引擎上、以及關鍵字的搜尋上有較好的排名，以便網友更容易找到並點擊進網站瀏覽內容。

而官方網站的部分，有些人也許會認為將網站設計得精緻有質感就夠用了。但其實，如果沒有考慮到搜尋檢索的方便性，那麼，再漂亮的網站也恐怕只能成為深宮怨婦，得不到網友的關愛。

而我們說搜尋行銷必須從網站的架構、結構、內容、文案等許多層面來做各種分析和規劃，以便搜尋系統能更容易地檢索到其網站或網頁。甚至現在也可付費購買關鍵字廣告，或者申請一個臉書專頁，這些更是許多中小企業會進行的網路行銷之一。

Story 20

栩栩如生的黑貓雕像

一天，丹尼和漢克到街上去閒晃。丹尼去餐廳吃飯，而漢克去了古董市場。

漢克逛著逛著，看到一位老婦人的攤位上有一隻栩栩如生的黑貓雕像，便好奇地上前詢問。老婦人說道：「這是我們家的祖傳寶物，因為我的小兒子病重沒錢醫治，不得已才要將這座雕像賣掉。」

漢克拿起這座黑貓雕像，他發現這雕像的貓身很重，似乎是用黑鐵鑄成的。仔細一看，他一眼就注意到那一對貓眼睛是用寶石裝飾而成的，因為他看到了貓眼中反射出的璀璨綠光。

他因自己的發現而感到雀躍，於是趕緊問老婦人要賣多少錢。老婦人說：「因為要趕著為兒子治病，所以一千五百美元就賣。」

漢克想了想，便說：「那麼我出五百美元，只買這對貓眼！」

老婦人盤算了一下，認為合理，就答應了。

漢克接著到餐廳找丹尼，興奮地對他說：「我只花了五百美元就買下了這兩顆綠寶石，簡直太不可思議了！」

丹尼發現這雙貓眼的確是罕見的祖母綠，便詢問了事情的經過。聽了漢克的描述之後，丹尼立刻放下還沒吃完的炸雞漢堡，跑到古董市場找到賣貓雕像的老婦人，表示想買下那隻貓雕像。

老婦人說：「貓眼已經被別人買走了，如果你還想要的話，那麼這雕像就八百美元便宜賣你吧！」

丹尼便馬上付錢將貓雕像買了回來。

「天啊！你怎麼花八百美元去買一隻瞎貓回來啊？」漢克驚訝地問。

然而丹尼並不在意，反而向服務生借來一把小刀，他用刀刮著貓雕像的一隻腳，等到黑漆刮落之後，竟露出了金色光芒，丹尼興奮不已地喊：「果然！這黑貓是純金打造的啊！」

思考一下，最初這座貓雕像的主人一定是怕金身暴露，才使用黑漆將雕像漆了一遍。漢克驚訝不已，急著問丹尼到底是如何發現的。

丹尼笑著說：「你雖然發現貓眼睛是用寶石做的，但是卻沒有想到，既然貓眼是用綠寶石鑲的，那麼貓身會用毫不值錢的黑鐵鑄成嗎？」

在日常生活中其實無處沒有商機，但重要的是，我們要培養敏銳的觀察力，以及能洞察市場先機的能力。

想想，如果貓雕像已經能大手筆地使用綠寶石作為貓眼，那麼貓身當然也絕不會只是一般的廉價材質。

將這道理運用在職場中，身為主管，若有慧眼識英雄的敏銳度，那麼相信下屬一定多是能人；身為行銷人，若能培養出這種獨特的觀察力，瞭解一個有些微徵兆的市場背後必定蘊藏著一個龐大的商機。那麼，大環境再多的變化對你來說都將沒有任何殺傷力！

找到商品的正確定位

如同故事中的老婦人一般，若她能敏銳發現自己的貓雕像其實是珍寶所鑄成的，價值連城，就可以換取更多的醫藥費了，這就是一種未替商品找到正確定位的損失。

決定賣什麼，若能讓他人一眼就能明白，就能讓自己迅速找到買主。

例如說，賣的是保險，就必須清楚確定是醫療險、壽險，或是儲蓄險，才能找到需要的客戶群，業務員自己也知道該推銷什麼。

如果明明是儲蓄險，卻找了七、八十歲的銀髮族，希望他們儲蓄二十年後可以期滿領回，如此必會使你的客戶產生疑惑，生意自然不好。

不同的市場區隔，就有不同的市場屬性。為了能讓所有的業務員運用有限的資源做更精準的訴求，我們就得依照市場各區塊不同的屬性來做選擇。

而一般市場屬性不外乎依照客戶年齡、收入、階層、教育程度、地理分布等來區分客層。等確定了客層，才能導引出客戶的需求。確認了客戶的需求，業務員才能做出有關商品及企劃的正確決策。

舉個例子，派克鋼筆（Parker）在美國乃至於全世界都大名鼎鼎，它集高貴、典雅、精美、貴重於一身，平民不敢問津。

它是財富的象徵，是帝王、總統和有錢人互贈的禮品。它的價值不僅表現在體面和耐用上，同時也是收藏的珍品。

但二十幾年前的一天，它搖身一變，革了一回自己的命，自貶身價，從此投懷送抱於尋常百姓家。

自此之後，有身分的人開始對它冷眼看待，再也不肯用高貴的手觸摸它。而平民對它也不鍾愛，就好像粗人選老婆，要的是中用樸實，能勞動的，結果來了一位公主，顯得格格不入。於是派克鋼筆逐漸被冷落了。

派克鋼筆想過一過平民的癮，在銷售量上創造奇蹟，結果差點自毀前程。派克讓自己窮了一回，結果年度報表上一片赤字，弄得自己差點破產。幸好在危機剛顯露時，派克就發現苗頭不對，趕緊及時回頭。

由此可見，產品的市場定位是極為關鍵的。而「舊時王謝堂前燕，飛入尋常百姓家」的「轉型」若要在行銷市場當中嘗試，那麼更是必須慎之又慎的。

Story 21

滿山翠綠中的一棟平房

有位年輕人搭乘火車去了某個偏僻的村落。

當火車行駛在一片渺無人煙的山野之中，車廂裡的乘客一個個都百般無聊地望著窗外發呆。

接著，前面不遠有一個大彎道，火車開始減速慢行，而一棟平房緩緩地進入了這年輕人眼裡。

同時，幾乎所有的乘客眼睛都亮了，看著隨著緩慢車速而進入眼簾的這幅美麗風景，那是滿山的翠綠與一棟獨自佇立在此的普通房子，有的乘客甚至開始討論起這棟房子為什麼會兀自蓋在這麼美麗的地方，雖然它並不是棟讓人驚豔的豪宅。

這年輕人忽然靈機一動，回程時他特地提早下車，步行去尋找那棟房子的主人。

房子主人告訴他，這山裡的美景雖然是別處比不上的，但是火車每天都會不斷從他家門口經過，那樣巨大的噪音久了實在是讓人難以忍受！如今他想以低價賣掉這棟房子，但多年來卻一直乏人問津。

年輕人聽了大喜，立刻答應用三萬美元買下這棟房子。因為他認為這棟房子正好蓋在轉彎處，每天那麼多班次的火車經過這裡都會立即減速，而疲憊的乘客們一看到滿山美景裡獨自佇立的這幢房子，一定會很快地被它吸走注意力，因此，用這棟房子來做廣告一定最有效果了。

很快地，他開始聯絡一些知名企業，極力推薦這棟房子的正面可以做一堵相當大的「廣告牆」，它所能發揮的廣告效果一定非常好。

後來，可口可樂公司看上了這點，在簽訂三年的租期之內，可口可樂公司付給了這名年輕人十八萬美元的廣告租金。

這是一個流傳已久的真實故事，在這個世界上，「觀察」與「發現」就是成功之鑰。

你要能看見「缺點」背後的「賣點」，生活中總有許多細節隱藏著各種值得你抓住的機會，只要你能用心觀察，就一定可以找到成功背後的暗示。

要善於捕捉缺點、善於尋找缺點的可利用之處，就需要能在一些他人認為是「平常」之處的事情中嗅到商機。

當然，看到讓你湧起某種特殊感覺的事物時，他人也往往會產生同樣的想法。

但是所謂「坐而言，不如起而行。」此時如果你能搶先一步，立刻付諸實行，開發其中蘊藏的廣大商機，那麼就能比光是有idea卻沒有行動力的人早一步搶下機會。

不去做的結果只能是失敗

前美國總統林肯（Abraham Lincoln）說：「做事的訣竅是同一時間只專注在一件事情上。」

行銷是在平凡之中找商機，但是我們說最重要的關鍵卻是勇於踏出第一步，這裡以業務員為例。

初出茅廬的新手就好像第一次學跳舞，一定要從基本舞步學起，再學進階的舞步，如此便能逐漸得心應手。而陌生開發就是銷售工作的基本訓練。

有些業務員只要面對到「豪門巨戶」或者「別墅雅舍」，就會變得躊躇不前。於是，抱著避難就易的心理，自己就擅自將陌生開發改成選擇性推銷，因而喪失掉無數大好機會。

假如你是個小老闆，你的產品尚未在市場上打開知名度，那麼或許你會有著這樣的感嘆：「好氣派的公司啊，不曉得願不願意用我們的產品？」、「這麼有名的企業集團會想跟我們合作嗎？」於是便自行一一刪除潛在的對象，同時自以為是地去尋找「適合的對象」。

或許你也聽過業務員這樣議論著：「聽說那家公司的經理很難搞，生意不好做！」、「那個地方交通很不方便，生活條件不是很好，去了也是白去吧！」便自以為聰明而不去「自討苦吃」。

但是，這種心理更是導致你行銷失敗的原因。每個人都應該記住，逃避不能有第一次，因為有了一次的經驗，很快地便會出現第二次、第三次，自此養成逃避心理。

英國劇作家莎士比亞（William Shakespeare）說：「猶豫不決、躊躇的心理是對自己的叛逆。如果害怕嘗試，此人絕對無法掌握一生的幸福。」所以，與其說你是一次一次地逃避困難，不如說你是一次一次地趕走成功。

如果業務員碰到上層社會的人士，卻總怕被人瞧不起或者害怕失敗，這就是一種自卑心理作祟。

難道業務員就是上門乞討的窮乞丐嗎？絕對不是。

記得，有錢人就有著絕對的購買力，而且往往也能引起他強大的購買欲。那麼業務員為什麼要害怕？怕的是對方難伺候？怕的是自己被羞辱？從事推銷、行銷工作就是要能有克敵制勝的信心，因為害怕前進的唯一結果只會是失敗。

因為一次的猶豫、一次的逃避，將是另一次猶豫與逃避的開始。就像是被抱慣了的嬰兒，如果哭了卻突然不受關注、不被誰抱在懷裡安慰，就會繼續哭鬧不止。

而業務員的訪問推銷只有一個最大原則，那就是別再避難就易。因為只要逃避一次，就將失去一次成功的機會。

Story 22

沈默三分鐘，多賺十萬元

一家工廠因為近來生意清淡、業績直落，於是老闆打算改行，變賣掉那些舊機器。

他心想：「這些機器磨損得很厲害了，能賣多少就算多少吧！能賣到四十萬元最好，但如果對方殺價殺得兇，不然三十萬元也咬著牙賣了。」

過了一段時間之後，終於來了一位買主。他看完機器後，便挑三揀四地抱怨了一大堆，從剝落的油漆到機器的性能差、運轉的速度太慢，彷彿這是一台傻子才會買的機器一樣地不留情面。

老闆心想這一定是殺價的前奏，便耐著性子聽對方滔滔不絕的「大肆批評」，不發一語。

最後，買主終於停止了抱怨，他說：「說老實話，我不想買，但是如果你的價格合理，那我還可以考慮考慮，你說個最低價吧！」

老闆聽了心想：「這是要忍痛賣了？還是不賣？」

老闆想了又想，始終不說話。而買主只是盯著他瞧，臉上自有盤算的樣子。

過了三分鐘，老闆還是沒有答案，現場空氣彷彿都凝結起來了。買主的表情也有些改變。

然而就在這無盡的沉默之後，此時竟然聽到了對方說：「不管你想怎麼談價錢，我先說明，我最多只能付你五十萬，這是我的底限。」

結果可想而知，因為那無止盡沉默的尷尬，竟讓老闆多賺了十萬元。

在銷售過程中若能適時、適度地使用「沉默」這一招，有時反而能收到意想不到的效果。

正因為如此，許多銷售高手常常會運用「沉默」的方式來進行銷售，一方面可讓自己有更多的思考及喘息的時間，一方面可以製造出一些像是「假性拒絕」的氛圍，讓對方先說出自己的底價。如此一來，我方的勝算當然也就更大了！

Tips 行銷小提點

善辯不如善聽，善聽不如善答

傳統的銷售理論會建議你做一個忠誠的傾聽者，以期在客戶之間能順利建立起友誼的橋樑。然而我們必須知道哪些資訊是對銷售最有利的。

一般而言，不外乎是商品資訊、客戶資訊、業界相關資訊等等。但是，在銷售現場之中最有影響力的資訊又是什麼呢？那就是客戶自己滔滔不絕所洩露出的「自身資訊」。

很多時候，你覺得商談已經進行到最後關頭了，但卻遲遲無法讓客戶簽下約來，而這其中的關鍵就在於在最後階段你仍沒有抓住客戶的心理需求，因此無法跨越他的心理防線。

「善辯不如善聽」，這句話對業務員來說是最好的座右銘。因為多話善辯的業務員多半難以抓住客戶的想法或喜好。因此業務員應該儘量傾聽對方談話，時時注意客戶的喜好與需求，如對方有不瞭解的地方時，再仔細解說，多與對方溝通，如此才能避免最後功敗垂成。

通常客戶在商談的各個階段之中，一定會有許多想詢問的事，例如商品的品質、顏色、尺寸、價格、折扣、付款方式等等。你應當在各個階段之中說明重點後，再詢問對方是否有任何問題，並對對方關心的重點特別進行解說。

若客戶說話時，你總是擅自插話，並且高談闊論，沾沾自喜地認為這檔生意將手到擒來，但事實上對方卻有很多疑問沒有得到解答，那麼到最後簽約階段時，你當然就會失敗。

也就是說，在銷售現場中最重要的行動就在於「解答客戶的疑問」，在每次圓滿的解答之後，再引導出對方說出接著產生的疑問，如此反覆進行，最後必能達到簽約目的。

那麼在第一次接觸時，我們要如何瞭解客戶在想什麼？喜歡什麼呢？如同前述說的，你可以儘量讓對方說話，試著多詢問吧！當說明告一段落後，例如你可以問：「所以，你覺得怎麼樣呢？」、「我認為這套教材非常適合國小兒童，你兒子平常喜歡玩電腦嗎？」也許客戶會說：「他喜歡，但是我擔心他使用這軟體會變得太沉迷於電腦了！」從這些回答中，你可以瞭解客戶的顧慮是他擔心孩子電腦上癮的問題。

既然知道了客戶的意願，那麼業務員就應再拉回主題，強調商品的好處，以及孩子與商品的正面關係，並且再度詢問客戶：「沉迷的問題還好解決，只是不知道先生想不想用這套軟體加強孩子的學習興趣？」用這種詢問的方式，就能抽絲剝繭地知道對方猶豫的癥結所在。

不過，有些愛發表高論的客戶也經常說得口沫橫飛，使得業務員失去主導權。記住，不要輕易就被客戶的話所誤導了，一定得由我們掌握主導權，將話題拉回到商品上，再技巧性引導到買不買商品的核心問題上。

但也有些客戶只要將心中的牢騷發洩出來之後，就再也不發表意見，無心聽業務員說話，因此要看情況適當地向客戶採取詢問法。

因此，業務員不僅要在說話方面下功夫，在傾聽方面也必須多用一個心，這就是行銷能成功的關鍵要點之一。

Story 23

不用多說，女人的錢最好賺

傑克是一家小雜貨店的店員，某天他心血來潮地發現，到店裡來購買商品的人不論年紀大小，多半是女性顧客，偶爾才會有幾位男性顧客出現，但是他們身邊也大多有一位女性同行。而且有意思的是，當最後決定要買哪件物品的時候，都是女性們說了算。

於是傑克靈機一動，他向銀行借了一筆錢，自己經營起一家小雜貨店，而店裡陳列的商品以化妝品、手提包、髮飾和小工藝品為主。

傑克的生意一直很好，幾年過去了，幾乎這附近所有的女性都曾光顧過他的商店，不少人還成為他的常客，昔日的小店員成為了荷包滿滿的小老闆。

但是他的致富生涯並未就此結束。他將多年來累積的資本再次全部投入，大膽地成立了一家大型百貨公司。

百貨公司內的一樓是化妝品及金銀首飾的專櫃，二樓展示流行女裝、皮鞋及一些飾品、配件，三樓則是男性服飾、童裝及中老年人的服裝，還有兩層樓是各式各樣的商品，例如寢具、家電用品、裝飾品等等，他集中火力販賣女性會感興趣的各種商品……最後如他所想，不僅這裡的商品銷路出奇得好，而且連帶地其他商品也受到歡迎。

有人向這位春風得意的百貨公司老闆探詢其經營秘訣，他大方地說：「你站在這裡這麼久卻沒有注意到，來這裡的幾乎全都是女性嗎？她們的錢最好賺！」

「女人的錢最好賺」，這句話確實沒錯。女人的購買欲望比男人強，且女性用品種類繁多、需求量大。精明的行銷人員會將心思多放在女人身上，想方設法地抓住她們的心，從中挖掘出商機。

許多公司會將產品定位在女性用品上，也會把經營對象定位在不分年齡的女性身上，甚至會量身訂做女性訴求的宣傳廣告，這些在在都說明女性的消費能力是不可覷視的。

無論你採取什麼手段與方法，記住唯一不變的方向，就是要能打動女人的心、善待女性市場。

Tips 行銷小提點

商品的促銷方式有哪些？

利用促銷的方式，不僅能增加銷售量，還能利用此時最容易聚集買氣的時刻，順便幫商品做一次完整的介紹，一般常見的促銷方式有下列幾種：

❶ 給折扣：

這是一種減價促銷的方式。即是在特定的期間內，例如百貨公司的週年慶、各種國定假日或換季之時，企業為了刺激消費者產生購買欲望，針對某些商品給予不同的折扣。

❷ 免費試用品或服務：

免費試用品是針對潛在的顧客發放，讓他們試用產品，使之對產品有所瞭解，進而刺激未來購買行為的一種方法。例如對學生市場，文具商會發放一些文具用品，例如原子筆、鉛筆等讓學生試用。

❸ 優待券：

優待券通常會用「集點」或者是「折價」的方式來進行促銷。積點是在消費滿若干金額後，即給予一點數，而在累積到某一定點數之後即可兌換贈品。

❹ 贈品：

一般贈品或禮物，在消費者購買某一商品到達一定數量時，廠商通常會給予一低成本贈品。企業的做法是在贈品上印上自己的名稱或是商標，以加深消費者對企業的認知。

❺ 抽獎活動：

這是企業在大型促銷活動中最常用的方式之一。在此活動中，可以給予消費者贏得現金、汽車、機票或其他商品等的機會。客戶在購買到一定金額的產品後，會收到一張摸彩券，再寫上姓名、聯絡地址、Mail和電話後，投入摸彩箱，在某一時間公開抽獎。

❻ 聯合促銷：

這是一種策略聯盟共同促銷的方式，企業之間會利用某一知名廠商做促銷。例如，雜誌在促銷時，即訂閱一年給予某些優惠待遇，而這些優惠的商品價格，可能是提供另一家企業的產品。例如：訂閱一年再加多少錢，即可獲得某牌筆記型電腦一部。

Story 24

西裝今天打幾折？

有機會你到商店街去逛一逛，就會發現有許多商店的門口掛出這樣的牌子：「只有今天！全店商品一律九折！」，而有的店則打八折、七折。究竟要滿足怎樣的條件才能打折，另當別論，但是一般人只要看到這種「好康的」牌子，總會想去瞧一瞧，這一點就是利用了人們喜歡貪圖便宜的心理。

一九七三年七月，東京銀座的紳士西服店開始做起一折的生意，使得許多東京人大為吃驚。緊接著，東京著名的八重皮鞋店也有六家分店也開始加入一折銷售的行列。

我們知道打七折、六折的大拍賣是常有的事，不會有人大驚小怪，然而打一折卻是非常少見，可能還會被視為傻子的事。這種銷售法確實不能賺錢，因為它的意圖是放在將來的消費可能上。

這種銷售方法是，首先訂出折扣的期限，例如第一天打九折，第二天打八折，第三、四天打七折，第五、六天打六折，第七、八天打五折，第九、十天打四折，第十一、十二天打三折，第十三、十四天打二折；最後兩天打一折。

客戶只要在這段打折期間，選定自己喜歡的日子去買就可以了。但是如果想要以更便宜的價錢購買，那麼就可以選在最後那兩天去買，但是你想買的物品不一定到最後幾天還有貨，也許早就賣光了。

而據紳士西服店的經驗，第一天和第二天前來的客人並不多，就算來也只是看看就回去。第三天開始就有一群一群的客人光顧；第五天打六折，客人就像洪水般湧到店裡開始搶購，接著之後的幾天內店裡都人潮爆滿，當然商品全部賣光自然不用說了。

這種方法的妙處是能有效抓住客戶的購買心理。任何人都希望在打二折、一折時買到自己想要的東西，然而所要買的東西並不能保證都能留到最後一天。因此一開始，大家並不會急著去買下來。然而，等到打七折的時候，就會開始焦躁起來，擔心自己所要買的東西被別人早一步買去，失去搶便宜的大好機會。

也就是說，一般顧客會在打七折時就去店裡消費，到了打六折時，就會產生不能再等下去的想法。而據經驗顯示，到了打六折時客戶就會大量湧入開始搶購，等到打三折或二折的時候，剩下來的商品都已經是較不受歡迎，或者是size不齊全的商品了。

再來看賣方這一邊，紳士西服店打一折銷售的商品平均起來，是以商品原本售價五折的價錢售出的。說起來，雖然這樣的買賣比較沒有利潤，甚至是虧本的，但是從出清存貨和宣傳的角度看來，可以說是效果強大，這種方法顯然地比「存貨出清大拍賣」的做法更為高明，也更有效。

雖然對於打折銷售的商品來說，並非全都是人人喜歡的熱門搶手貨，但有些商店仍偏愛以這種促銷活動來刺激大眾的購買慾。

而紳士西服店這種薄利多銷的方式，利潤雖然會比原定價格低上許多，但卻能透過這種活動使得商店聲名大噪，不但賣光了存貨，也替商店打開了知名度，可說是一種有實際成效的行銷手法。

打折，是一種具有市場魔力的心理戰術。紳士西服店打一折促銷的巧妙之處，就是利用了群體心理效應，因為人人都希望買到最便宜的商品，但卻不能肯定自己是否有機會能買到最便宜的商品。與其讓別人搶到最便宜的商品，不如在自己能接受的合適價位時趕緊去買下。

如此一來，當平均商品都在七至六折時，就能順利銷售出去。其實，這種做法與一般的打折出售並無差別，但卻收到了更好的宣傳效果，這種巧用客戶心理進行宣傳行銷的做法，可做為良好的參考。

Tips 行銷小提點

提高成交率，務必增加拜訪量

我們說拜訪客戶數×成交率＝銷售件數。

除了店家的行銷方式，想提高銷售數量的話，只要業務員先提高拜訪客戶數或成交率便可。尤其是對一名新進人員來說，無論如何都該增加拜訪客戶的次數，以獲取更多經驗及擴展人際關係。

有一位林先生，他主觀地認為，若要提高銷售額，當然先得提高成交率。他所持的理由是，如果不能提高成交率，就算拜訪的次數再多也無濟於事。於是，林先生照著自己的想法去做，短時間內，業績果然提高了，而周遭的同事也覺得他的主張有道理。

但他的上司柯主任卻非常反對他的看法，他說：「以你的做法，雖然能立即提高業績，但長久下來，業績只會下降不會繼續上升，你一定得增加拜訪客戶數才能拓展預定的客戶。」柯主任認為業務員最基本的工作，就是頻繁地拜訪客戶。要想增加拜訪客戶的數量，就必須濃縮每一位客戶的拜訪時間。

而另一招式是，我們只要依移動的速度，便可判斷這個人是否能成為優秀的業務員。移動速度很快的人，便表示他從客戶與客戶之間花費的時間極短，顯示他是個優秀的業務員。即便是銀行的業務員也是一樣，動作若不快一點的話，一天之內就差別人十至二十戶左右，以一個月二十個工作天來算的話，便有兩百至四百戶如此大的差別了。

一名優秀業務員拜訪一戶所花的時間，大致都很短。就以銀行的狀況來說，開發一個忙碌的新客戶，不會超過十五分鐘以上。若超出這時間的話，就會婉轉地告訴客戶：「打擾您了，改天我再來拜訪。」

在適度的時間內結束拜訪，可使自己和客戶之間有簡潔明快的交談印象。雖然拜訪的時間很短，但客戶並不會對你有所不滿，反而對你行動敏捷、做事有條不紊的積極態度，留下更好的印象。

你在哪方面最輸不起？

輸贏乃是兵家常事，也許你覺得失敗沒有什麼大不了的，可是有些人卻很討厭輸的感覺。

當你參加聚會時，有些朋友不停地以你一時的失意開玩笑，你的反應會是？

A. 會酸幾句回去。

B. 大聲訓斥幾句。

C. 擺出一張臭臉。

D. 懶得理直接走開。

選擇A

選擇「會酸幾句回去」的人在「感情上」最輸不起：你覺得自己只能甩人，不能被甩。這類型的人內心非常脆弱，有自知之明，知道自己如果在感情上受到傷害的話，可能要花很長的時間復原療傷，所以一旦他發現和另一半有感情裂痕的時候，他會趕快提出分手，這樣他的療傷期就可以變短一些。

選擇B

選擇「大聲訓斥幾句」的人在「工作上」最輸不起：對工作很有企圖心的你，只要下定決心，就絕不輕易認輸。這類型的人喜歡享受工作上的成就感，例如掌聲、收入對他來說非常重要，所以只要他全力以赴就可以把事情做到最好，因此如果有人扯他後腿的話會讓他經常記恨在心。

➔ 選擇C

選擇「擺出一張臭臉」的人對「任何事」都輸不起：好面子的程度就連說話都要說到贏。這類型的人蠻帶種，他覺得自己尊嚴很重要，自尊心非常強，如果人家挑釁到他忍受不了，他反撲的狠勁會讓人印象深刻。

➔ 選擇D

選擇「懶得理直接走開」的人在「外在物質上」最輸不起：絕不讓人比下去。這類型的人很愛自己，覺得生活要有品味，而且要過得有品質，不喜歡節儉，或者是買地攤貨。他覺得人生苦短，為什麼要讓自己過得這麼不愜意，所以他盡量對自己好，對家人好，讓生活品質維持得好是他的人生準則。

有效溝通的
行銷法則

Stories For Enhancing
THE MARKETING
ABILITY.

為你量身訂做的好斧頭

從前，有位小徒弟跟著鐵匠師父學打鐵，在一年辛苦的學徒生活之後，他終於能夠獨當一面了。第一個月，小徒弟打造了四把斧頭，他對這些作品十分滿意，然而顧客卻對他有些怨言。

第一位顧客是個中年農夫，他抱怨這把斧頭太重了，小徒弟聽了不知道該怎麼回答。

鐵匠師父就對這個農夫說：「您身體那麼強壯，斧頭大一點才相稱啊！」於是農夫高興地付了錢，扛著斧頭走了。

第二位顧客是個屠夫，他不滿意地說：「這斧頭太小了，砍豬骨、牛骨會砍不斷吧？」

小徒弟心想，這可能是自己的技術還不夠純熟，便羞愧地低下了頭。但師父卻對著屠夫說：「您的臂力那麼大，這把斧頭肯定夠用，太大了手臂反而容易酸啊。」屠夫聽了也連連點頭。

第三位是個年輕的樵夫，他一進來就問：「怎麼花了這麼久的時間啊？」

小徒弟的臉憋得紅紅的。師父連忙笑著說：「慢工出細活嘛！這斧頭包管您一天就能砍一大堆木材還不費力！」樵夫聽了也滿意地帶著斧頭走了。

小徒弟這時候想，再有人來抱怨，我就自己應付吧！

不一會兒，一位老人走了進來，皺著眉頭說：「怎麼這麼快就做好了？不會是偷工減料，打得還不到火候吧！」

小徒弟聽了哭笑不得，一臉窘迫，這時師父趕緊一個箭步上前解釋道：「您怎麼這樣說呢，您是我們的老客戶，怕您等久了不高興，我這徒弟可是連夜為您趕工打出來的，品質絕對沒問題！」老人家聽了，這才笑著對師徒表示歉意。

小徒弟目睹了師父應對這四人的好口才，不禁喃喃自語道：「薑果然還是老的辣啊！」

如果不是師父世面見得多，善於打圓場，那麼恐怕這四樁生意全都會泡湯。可見，我們光有老老實實的技術是不夠的，做生意更需要的是隨機應變的靈活反應。

在客戶矛盾的心理狀態下，如果你能抓住對方最敏感、最在意的那根心弦，只要輕輕一撥，想法稍微變通一下，對方就更容易接受你的意見或想法，這就是所謂的「臨場反應」。行銷人的臨場反應力越佳，就越能在困境之中突破現況，達到理想的成績。

Tips 行銷小提點

團結力量大的行銷法

一個業務員能否成功地進行行銷，大部分取決於自身的行銷能力，但從來沒有一個人能說自己是不敗的。

我們說身分、地位、形象、性格、涵養、知識，乃至於口音等諸多因素，對行銷產品都有著極其微妙的影響。聰明的業務員會充分利用各種優勢進行銷售，直至達成最終的交易目的。

如果你不是單槍匹馬打天下，就可以好好利用團隊優勢，讓每一個成員都在最大限度內發揮特長，使客戶在沒有察覺的情況下，接受你的商品或方案。

例如，一種商品最多可以優惠二成，但是你不能一開始就說出優惠底線，否則對方肯定還想再壓一壓。在這種情況下，先由業務出面，在價格問題上據理力爭，一點一點地承諾予以優惠，到一成五左右堅決守住防線，絕不鬆口。

在雙方經歷一場令人疲憊不堪的談判後，就該輪到上司出面：「我們的業務不瞭解您是我們的老客戶，所以和其他客戶一樣對待。不如這樣吧，為了保持我們雙方良好的合作關係，就給您一成八的優惠！」這樣利用團隊分工合作，就更容易達成目標交易了。

專為胖女人設計的漂亮衣服

經常買不到合適衣服尺寸的胖女士凱薩琳非常苦惱，因為她從生下第二個孩子開始，在不到三年的時間內，她的體重就增加了約三十六公斤，因此根本買不到像她這種大size身材可以穿的漂亮衣服。

她總覺得那些時裝設計師和服飾店店員，只關照那些身材苗條的女人，卻忽略了為數眾多的胖女人市場。

凱薩琳曾經學過服裝設計，於是她決定開一家服飾店，專賣為胖女人設計的美麗時裝。不久之後，新店開張了，生意出乎意料地好。後來，美國內華達州舉辦了「最佳中小企業經營者」選拔賽，凱薩琳竟然還贏得了冠軍。

其實凱薩琳奪冠的秘密很簡單，她只不過是將服裝尺碼換了一個名稱。

一般的服飾店都是將服裝分為小（S）、中（M）、大（L）與特大碼（XL）四種，凱薩琳的做法卻是使用人名代替尺碼：「瑪麗」代表小號，「琳絲」是中號，「伊莉莎白」是大號，「格瑞斯特」是特大號，這些都是當時知名女強人的名字，當然她們店裡的「小號」也並不小。

這樣一來，顧客上門時店員就不會說「這件特大號的妳穿剛剛好」，取而代之的是「妳穿格瑞斯特剛好合身」。

凱薩琳還說：「我注意到，所有到店裡買大號或特大號服裝的女性，臉上都會不自覺流露出不愉快的神情。但在改了名稱之後，情況就不同了，而且這些名字都還是名聲很響的大人物呢。」

在挑選店員時，凱薩琳也多了一份細心，站在大號和特大號服裝面前的店員個個都是胖美女，讓顧客減輕了不少害羞、自卑的心態，因此凱薩琳的店總是顧客盈門，生意好得不得了。

我們說當下的流行時尚並非就一定適合所有人，然而有時若能反其道而行，找到那些長期被忽略的「小眾團體」來特別加強服務，反而能獲得更好的效果，但這必須以市場取向為前提。

加上如果能巧妙地借助一些暗示訊息來推銷自己的商品，更能引發客戶的購買興趣。因為適當地放入一些符合市場需求的訊息或者符號，更可以輕易卸下客戶的心防，在此時進行銷售也會更容易。

Tips 行銷小提點

別賣產品，賣一個夢想

產品的經濟性、便利性、耐久性、顏色、花樣、設計、價格等雖然是業務員推銷產品時，所應加以介紹的重點；但其中最具關鍵的，乃是能否引導客人描繪出使用該產品所能達成的「夢」想，使客戶相信購買此商品，他的美好想像將能成真。

如果僅僅用心介紹，宣傳產品的功能、特性，仍不足以打動客戶的心，那麼你就必須讓客戶產生憧憬，他才可能點頭答應。

例如，在我們推銷冷氣機、汽車、鋼琴、參考書的過程中，若能使客戶想起裝設冷氣機後一家團聚的舒爽溫馨景象；開車自豪的得意情形；孩子彈出悠揚琴聲的畫面，那麼銷售的成績必然更好。

使客戶企盼的「夢」，栩栩如生地呈現在他眼前，這就是業務員需發揮高明手腕的地方。藉由挑起對方高尚的動機，觸動消費者的需求，也就是「夢」的擴大或縮小，往往成為客人取捨的購買因素。

總之，在銷售產品之前，讓客戶知道，使用此商品可以達成他的那些美麗的夢，這就是先決條件。不管是何種行業的業務員，都須謹記這項原則。

就此而言，「業務員」、「行銷人員」這項職業，是一個賣夢的工作。而讓客戶懷抱著夢，就是成功銷售產品的不二法門。

我們說，一個人去做一件事，通常是為了兩種原因——一種是真正的原因，另一種則是聽來動聽的原因。每個人本身都曾想到那個真正的原因，你用不著強調它。因為我們每個人都是理想主義者，總喜歡聽到那個最好的動機。

Story 27

逝世老太太的恩情回報

有一名業務員經常去拜訪一位老太太，打算以養老為理由，說服老太太購買股票或者債券。為此，他常常來找老太太聊天，陪老太太散散步，有時甚至也照顧她的生活起居。

經過一段時間，老太太與他已經相當熟稔了，常常主動聯絡他，請他喝茶，和他聊聊自己年輕時的事情、兒女的事情，她很開心交到了一個新朋友。然而不幸的是，一天，老太太突然心肌梗塞，急救無效，就這樣離開了人世間。

這業務員的生意雖然已經泡湯了，但他仍然參加了老太太的喪禮，因為對他來說，經過這些日子的相處，他覺得老太太就像是他的一個和藹的長輩。然而當他抵達會場時，卻發現競爭對手——另一家證券公司竟也送來兩個花圈，他心裡納悶地想：「這究竟是怎麼回事？」

一個月後，老太太的女兒到他服務的公司拜訪，原來她是另一家證券公司某分支機構的經理夫人。她告訴他：「我在整理母親遺物時，發現了幾張您的名片，上面還寫著一些關心她的話，還有許多小卡片，我母親都很仔細地保存著。而且，我也曾聽母親說過您，也許跟您聊天是她退休生活中最快樂的時光。所以，我今天特地前來向您道謝，謝謝您曾經這麼關心我的母親，經常地陪伴她。」

夫人深深地一鞠躬，眼裡還含著淚水，接著說：「為了答謝您的好意，我打算瞞著丈夫向您購買貴公司的債券。」然後就從皮包裡拿出了四十萬的支票，表示希望立刻簽約。

對於這樣突如其來的舉動，他驚訝地一時之間說不出話來，對他來說，業績雖然是他一開始的目的，但是在相處過程中，老太太已經變成了他的朋友，對於老太太的女兒執意回報的恩情，他除了感動，更是感激涕零。

這是件發生在銷售界的真實案例。這名業務員持續地去拜訪老太太，起初的目的雖然是為了拉抬自己的業績，但是隨著彼此來往的深入，他和客戶之間建立起了友誼的橋樑。雖然老太太還沒有買他的債券就突然辭世，但是她的女兒卻因抱持著感恩之心而買了他的債券。

身為一名業務員，想要做出成績來，只有真心地去對待每一位客戶，才能收獲最有價值的果實（情誼與業績）。同時，這個故事也說明一個行銷最簡單的道理：「感情」需要你用「感情」去交換，才能發揮最大效果。

Tips 行銷小提點

聊聊興趣，讓他放下戒心

交談時，必定是因為有某一個共同點而使雙方的談話能夠持續。

換句話說，交談的雙方必須有共通的話題，甚至雙方有著相同的興趣。但你也許會想：「哪有這麼巧，興趣都一樣。」並非如此，我們說交談時所涉及到的話題，應該是雙方都「感興趣」的，但是除了興趣一致之外，你的話題也應該要具備多變的特質。

因為拜訪客戶時最忌一直推銷，如果你不能與客戶有良好的互動，那麼再長久的對談，也無法成功拿到訂單。

而要如何與客戶有良好的互動，當然這除了事前的準備工作，例如在拜訪客戶之前，必須盡量先瞭解客戶喜歡什麼、不喜歡什麼、興趣是什麼……等等。

正因為客戶的興趣不一定就與你自己的相同，所以你得培養自己多方面的興趣，如此在與客戶訪談時，更容易能與對方話題相投，使客戶對你產生好感。

只要雙方都感到興趣（即使有爭論也能如此），一般而言，談話就會自然表現出生動活潑、能相互溝通的特色，並使對話正常延續下去，並較容易在互利的前提下實現你預定的目標。

不過，即使是談到感興趣的話題，你還是不可任意打斷對方的談話或者突然轉移話題。

此外，雖然你可以適當轉移話題，但還是要注意對方是否喜歡你所轉換的話題方向，以及話題是否轉換得太過刻意，讓對方產生不愉快的感覺。這些都會影響到交談的成效，讓你當下從一個風趣幽默的人變成不受歡迎的人。

Story

28

百年之後，天長地久

淑蕙是一位賣靈骨塔的業務員。一天，她去拜訪一對退休在家的老夫婦。這對老夫婦身體健康，無病無痛，根本沒想過自己身後的事。

當淑蕙一說起靈骨塔的事，兩老就直搖頭，沒好氣地說：「說這些做什麼呢？真是觸霉頭，我們現在根本不需要。」

淑蕙聽了之後表示理解，但她繼續補充：「這個靈骨塔的地點是郊區環境最優美的地方之一，有高山、流水、樹林、陽光，而且風水也非常好。」

「有許多三、四十歲的中年人都買了。您們兩位辛苦了一輩子，為兒女操勞了一輩子，相信您們一定希望百年之後有一處棲身之所，這會是您們最好的歸宿和選擇。再加上目前塔位的價格還沒上漲，詢問度相當高，所以公司決定從後天開始暫停優惠的促銷，並在現在的價格上再漲價兩成，而且目前所剩的塔位也不多了，這次的方案很難得，您們真的可以考慮一下。」

兩位老人家聽著，臉色變得有些凝重，彼此一言不發。

淑蕙接著說：「我們還推出了一個方案，叫做『生生世世，天長地久！』我想這是許多恩愛夫妻的願望。雖然生不能一起，但死也要在一起，而且這還有八折優惠。更何況，現在也有很多上了年紀的長輩，都希望能事先將自己的身後事處理好，因為一來不用讓晚輩們操心，更不用擔心是否會因為家產處理不當，而使得自己無法安心入土；二來可以依照自己喜歡的方式決定各種身後事的處理，更能與身邊的『牽手』再續前緣，提早做好準備，將來都不必擔心，這樣不是也很好嗎？」

說著說著，兩位老人家內心都動搖了，覺得淑蕙說的也沒錯，於是他們一次買了兩個相鄰的塔位。

很多時候人們慣於舊有的觀念，以至於不能適時地認知問題、理解問題和接受新觀念，更不用說去採取新的方式了。

案例中的業務員淑蕙，正是在大眾普遍覺得是禁忌話題的事情上，合情合理地直接說明、引導和說服老夫妻，使其瞭解產品的資訊與未來能帶給他們的正面意義，進一步地引發他們潛在的購買欲。

Tips 行銷小提點

最後關頭如何使對方成交

如果商談已發展到有利的階段卻還是失敗，那麼主要原因可能有二：

1. 業務員無法確切地回答對方所提的疑問。
2. 在商談的關鍵階段，業務員沒有防範客戶可能會提出拒絕。

業務員在進行商談前，務必提醒自己防範客戶在商談中出現各種反駁，並應預測客戶可能出現的反駁，同時不要忘了使用強度大的銷售用語。

因為在商談過程中，客戶通常會向業務員提出各種疑問，此時，業務員必須誠懇地聽，並儘量完整回答客戶的疑問。如果隨便敷衍，客戶縱有購買之意，亦會斷然拒絕。

同時，確認客戶拒絕的真假程度，也是很重要的。面對「我再考慮一下！」、「我和先生商量看看！」這樣的拒絕台詞，你就可以回答：「明天此時我會再來拜訪，聽您的好消息。」如果客戶有心拒絕，一定會說：「哦！沒關係！你不用來了」，而有購買意願的客戶則可能會說：「好，那麼到時候我再做決定。」

至於「沒有預算」這一類的拒絕話，多半不是真正的原因。因此到了最後關頭時，請善用下列方法：

1. 有限的銷售期限。

2. 以特別價格來銷售。

3. 商品數量有限。

4. 環境條件惡化（例如原料，能源漲價等等）。

在強調這些事情後，再補充「無論如何！請您現在就給我一個答案吧！」請對方下定決心，做出最後決定，那麼就很容易提升成交機率了。

Story 29

昂貴的大衣能穿幾年？

蓮娜是一間服飾店的老闆，她個子嬌小、活潑、親切，是那種讓人一見就喜歡的類型。雖然她的店面位置不在鬧區，甚至藏在小巷子裡，但是她的生意卻始終好得不得了。

一天，有一對年輕夫妻到她的店裡逛逛，蓮娜連忙熱情招呼兩人。

她發現那位太太一直看著店裡的一件漂亮大衣，還忍不住翻了翻大衣的內裡。於是蓮娜對她說：「小姐，這是一件每個人看到都會喜歡的漂亮大衣，一看到它，就會忍不住想像自己穿上它的樣子！」

那位小姐說：「是啊，只是真的太貴了！」

「我知道您大概是先看到了它的價錢，但是我覺得您還應該看看這個。」

蓮娜打開了大衣說：「看看這個名牌logo，這代表了這個品牌的聲譽，還有它歷史悠久的好品味。這件大衣的確不便宜，但是它能陪伴您很長的時間，因為它既漂亮又耐穿，質料非常好。來，您試穿一下，我想您穿上它，就會捨不得脫下來。」

等她試穿完之後，蓮娜便說：「怎麼樣？穿起來很好看吧？」太太回答：「感覺很好，我也喜歡，穿起來也很舒服，只是價錢真的有點貴。」

「也許，您可以這樣想，把這個價格除以五，因為這件大衣您至少可以穿五年。而且當您參加婚禮或是某個重要的場合時，這件品味出色的大衣一定能讓您增色不少。而且，這樣迷人的穿著也能讓您先生一起出席時更有面子了。」

說完，蓮娜看看那位先生，又說：「先生，您的眼光真好，有很多太太到這裡都喜歡這件大衣，但是卻不是每個人都適合穿這件，不過您太太的氣質真的和這件大衣蠻相稱的。它雖然不便宜，但卻是一件值得投資的大衣，名牌貨雖然貴，但永遠都有它的價值存在，如果細心保養，名牌大衣穿超過五年的人可是多得很呢！更何況，有時候並不是你們選擇它，而是它選擇穿起它來更美麗的人呢！」

她的一番話說得這對年輕夫婦贊同極了，他們最後決定買下了這件價值不菲的名牌大衣。

每個人都希望得到他人的讚美和誇獎，這是人之常情，再嚴厲冷淡的人都不例外。

因此，在銷售過程中，我們應該適時地採取這種策略，除了多誇獎、讚美之外，還能運用「價格拆解法」使客戶對於商品總價的感受較沒有那麼深刻，如此就能在對方的好感之中將商品成功地推銷出去。

Tips 行銷小提點

銷售時如何巧妙收場？

銷售最刺激也最有趣之處，在於收場，以下介紹讀者朋友們幾個常見的方法：

❶ 投直球法：

此方法是指在詳盡地介紹和解答所有疑問後，理所當然地說一聲「麻煩你簽個字啦！」當然這是頗具侵略性的做法，但是你如果態度誠懇，處處表現出為客戶利益著想的模樣，倒也是一把銷售的利刃。

不過像「拜託了」、「對不起」這種話，儘量少用且不要超過三次，這樣容易讓人對你產生乞憐的感覺。

❷ 感動人心法：

人都是有感情的動物，任何人都有自己鍾愛的對象，如果能技巧地用感性來打動客戶購買的欲望，就是一個相當高明而有效的方法。

例如，「如果您能接受我的建議，一定會為您辛苦的另一半帶來意外的驚喜！」這是運用人性的弱點，使客戶聯想到產品所能帶來的正面影響。而一旦客戶的感情大門敞開，銷售就等於成功了一半。

❸ 伸手不打笑臉人法：

客戶是永遠不會厭惡「謝謝」的，縱然他不想買，也不會對一個帶著微笑說謝謝的人板起面孔的。

在運用此法時，必須先假設客戶已決定購買，而在言語上半強迫式地造成客戶非買不可的心理。

❹ 巧妙迂迴法：

在收場時，經常會遇到客戶以「可是，我的錢不夠呀！」來拒絕，那麼你要如何應對呢？

此時，你可以面帶微笑地說：「先生您太客氣了，您的人緣這麼好，向朋友先周轉一下一定沒問題。」將他的問題巧妙地推回去，使他找不出推託的理由。

❺ 只能二選一法：

在收場時，記住不要給客戶太多的選擇，非A即B的二擇一法最容易發揮效果。

例如在簽約時，詢問：「契約書上的名字，是用您或您先生的呢？」如果是產品的話，「A和B您喜歡哪一個？」這樣就可迫使客戶不自覺地做出決定。

此外，上述方法只是多數秘訣之一，而要如何應用的巧妙都在於個人臨場的技巧與經驗的累積之上。

Story 30

要依山傍水，還是寸土寸金？

徐先生想買一間房子自住，剛開始，一家房地產公司的房仲業務小張帶他看了很多房子，但就是沒有一間他中意的。

第二次，另一家房地產公司的房仲業務小建陪他看了別的地區，徐先生認為房子很不錯，只是和上一次看的房子一樣，有著相同的問題。於是，他提出了一些之前也曾向業務小張請教過的問題。

沒想到，這位業務小建回答得讓人很滿意。

「沒錯，這棟房子不在市區。但是，您看，這裡依山傍水，風景不是很棒嗎？在現在這個寸土寸金的台北市裡，想找個沒有人車喧囂的環境還真難啊！住在這裡，假日全家還可以一起到後山散步，這不是很愜意嗎？」

「沒錯，這裡是離車站遠了一點，可是騎機車不過幾十分鐘。如果您每天花幾十分鐘的車程到車站，下班後再騎回來，不用怕塞車的問題，也不用煩惱車子沒地方停，這不是很方便嗎？」

這個業務小建對於徐先生所提出的問題都能給予適當且合理的回答，讓他覺得十分滿意而且放心，於是徐先生便安心地和小建簽下了合約。

由於房地產是永久資產，客戶必然會謹慎地選擇，因此房仲業務的「解說方式」與「說服技巧」，就成了交易是否成功的關鍵因素。

正因為業務員在銷售過程中扮演的是「交涉專家」的角色，他們必須經常去發現並創造能說服對方的契機。

只說房子的好處，必然不得人信任，日後或許還產生多餘的糾紛，而將房子的好處好講，壞處往好處想，替產品找到彌補缺點的美好，往往就能有效打動客戶的心，但這同時必須依靠業務員自身的觀察力與良好的表達能力才能順利達成。

Tips 行銷小提點

能突破業績的成功業務員特質是？

不論是天生吃這行飯的業務員，還是正想踏入業務行銷的菜鳥，基本上，成功的業務員大多具備了下列條件，才能在這日新月異且人才濟濟的銷售世界裡闖出一片天。

❶ 具備基本行銷知識：

對入門的4P（產品product、價格price、促銷promotion、通路place），以及從4P概念延伸而出的4C（消費者customer、成本cost、溝通communication、便利性convenient）等知識有所研究。

❷ 敏銳的觀察力與分析力：

能觀察並重組眼前所見成為有效的資訊。

例如，在參觀客戶工廠之後，便可略知該廠的原料來源、經營運作與人員管理等狀況，以便找出客戶需求，提供最佳的產品或服務。除了少數人是與生俱來就具有這樣敏銳的觀察力和分析力之外，一般人也可從後天的學習與訓練當中提升此能力。

❸ 具備優秀的表達力與第三外語能力：

在國際市場上多數都使用英語溝通，但建議除了英語之外，也可再學習第三種外語，例如日語或近年新興的韓語。

然而除了外語能力，更重要的是個人的「表達能力」，舉凡要如何介紹自己的產品與服務、說服對方、解決疑問、居中協調、表達自己的想法等等，都需要清楚不過的表達力。

❹ 能屈能伸大丈夫：

當客戶遇到產品價格或者品質等問題時，擁有能屈能伸的特質，能為彼此製造出雙贏局面。

此外，能面對挑戰與接受失敗。例如報價之後，如果不能達到預期結果也不要放棄，因為半途而廢，就會讓先前的努力被他人採收成果。也因此業務員應有接受考驗的能力。

❺ 保持健康身心：

在心理上，具備健康與積極的心態去面對各種挫折；在生理上，因為需要長期的東奔西跑拜訪客戶，以及時時表現出最好的自己，甚至會到國外推廣業務，這些都會消耗掉大量的精力，會有行程緊湊、細節繁雜等狀況需要處理，如果不能維持健康的身體，就很容易放棄、敗下陣來。

❻ 明顯的個人特色：

有些人與陌生人總能很快混熟、甚至特別受長輩或婦女某些特定族群的歡迎，這是自身的特質使然。當然，這並不是每個人都能藉著學習就能成為的目標。

在此的建議是可以發展出與他人不同的特質，例如，你是較為害羞內向的，便能以「正直憨厚」的形象來經營自己，讓客戶信任你。

❼ 專業知識的持續學習：

對專業領域的知識越豐富，對銷售越有利，所受到的尊敬與待遇也會越高，且在交易的談判當中更有勝算，因此，最好能在私人時間持續進修。

此外，也要具備國貿等相關知識，如此便可避免明顯的交易問題。總之，專業知識越豐富，在銷售上就能越占上風，當然成交的機會也會越大。

Story 31

您送錯衣服去乾洗了嗎？

某百貨公司的女裝櫃檯前，站著一個要求退貨的顧客，她的態度非常堅決。

「這件外套買回去之後，我老公說不喜歡它的顏色，覺得款式也很普通，所以我想我還是退掉好了，我不想花一筆錢還讓他不高興……」顧客帶著抱怨的語氣說。

「但是小姐，外套上面的商標都已經有些模糊了……」

專櫃小姐在檢查退回的外套時，發現裡面的商標不僅已經有磨損，而且外套上還有明顯乾洗過的痕跡和味道。

「是嗎？我記得那時候買了之後，好像就沒有……我保證絕對沒有穿過，因為我老公第一次看到這件外套就說難看，之後我就再也沒有碰過它，直到今天才又拿回來！」女顧客依然堅持要求退貨。

看著上面乾洗過的痕跡，專櫃小姐隨機應變地說：「是嗎？您看會不會是這樣，是不是您的家人在送乾洗衣服時把衣服拿錯了？拿成您的這件外套了？您看，這外套確實有乾洗過的痕跡呢。」

專櫃小姐把外套攤開給女顧客看，一邊說道：「這外套原本就是深色，髒不髒很難看出來，說不定是拿錯了，因為我家也發生過這種事，把才穿一次的黑色大衣竟然就拿去乾洗了！」說完，專櫃小姐溫和地笑了一笑。

女顧客一看那外套內裡明顯的痕跡，只好也跟著笑著說：「啊…

…那一定是我家的打掃阿姨送錯了，不好意思……」

機靈的專櫃小姐用迂迴的方法，不僅順利解決了問題，而且還讓顧客心服口服，進而達到「曲徑通幽」的效果。

因此，行銷必然需要善用迂迴之術，你不能夠太先入為主、單刀直入，最好的方法是「三思而後言，心態放平和。」衝突時轉個彎，如此才能淡定地處理任何突發狀況，更能與顧客廣結善緣，使對方日後仍然願意來找你消費，這才是雙贏的最好方法。

Tips 行銷小提點

幽默能讓你趨吉避凶

每個人都有自己的特色，而有一種個性的人卻是人人都喜歡、經常能左右逢源的，那就是個性爽朗幽默的人。

人類是一種矛盾的動物，不太能忍受孤獨寂寞，但另一方面又對陌生人存有戒心。但是如果這個陌生人表現出了他的善意與幽默的談吐，我們便會慢慢瞭解這個陌生人也許並非「來者不善」，從而願意與他交談。

「考慮一下」是客戶經常使用的拒絕台詞之一，雖然話說得很婉轉，但真正的想法大概多半是「我沒有打算買，先敷衍你一下再說吧。」

要處理這種狀況有些棘手，因為客戶說出這句話的時候，多半是業務員已經做了相當程度的說明了，但這時候如果懂得使出幽默一招，也許結果就不一樣了，因為幽默的人總是特別容易敲開他人的心扉，不僅容易打動異性的心，也容易打動客戶的心。因此我們說幽默的個性能造就出情場高手，更能造就出商場高手。

業務員對客戶來說完全是一個陌生人，並不被客戶所瞭解，但如果業務員在訪問時隨時展現笑容，和藹可親、談吐風趣，那麼對於推銷工作當然會助益很大。

尤其在推銷中，你若能展現幽默的談吐，就能迅速降低客戶對業務員的敵意，但是千萬不要過度，如果掌握得不好，反而會讓客戶留下輕浮、不可靠的印象。

讓我們看一下這位Top Sales是如何運用幽默感的：

「您好！我是某保險公司的傑森。」

「喔──」

對方端詳他的名片好一陣子後，才慢條斯理地說：「兩、三天前也來過一個保險公司的業務，但是他話還沒講完，就被我趕走了。我是不會買保險的，你還是快走吧，不要浪費彼此的時間了。」

「謝謝您的關心，您聽完我的介紹之後，如果還不滿意的話，我就當場『切腹』給您看。無論如何，請您給我五分鐘吧！」

傑森一臉正經，對方聽了忍不住笑著說：「哈哈哈，你真的要切腹嗎？」

「對啊，就像這樣一刀下去……」傑森一邊說，一邊用手比劃肚子。

「好啊！那你一定會切腹。」

「來啊！既然怕切腹，那我一定要好好替您介紹啦！」話說到這裡，傑森臉上的表情突然從「嬉笑」轉為「專業」，於是，對方看了不由自主地笑了出來，現場氣氛也為之緩和。

這裡的重點是，只要你能創造出與客戶一起笑的場面，就突破了第一道難關，也就輕鬆地拉近了彼此的距離。

像上述這樣乾脆地接受客戶的藉口，再以幽默的口吻順著客戶的話題繼續說，不正面和客戶爭辯，重點在於口氣輕快與幽默，那麼結果也許就能完全不一樣了。

Story 32

經典開發：賣梳子給和尚

有一家業績相當不錯的公司準備擴大他們的經營規模，便在報紙上刊登高薪聘請業務人員的徵才啟事。一時之間，報名者蜂擁而至。

面對著眾多的應徵者，公司負責人說：「為了選出最有潛力的業務員，我們想給各位出一道考題，那就是希望你們去『賣梳子給和尚』，最後誰賣得最多，我們就錄取誰。」

大多數應徵者都覺得很困惑，有的甚至發怒地說：「那些光頭和尚怎麼可能買梳子？你們的考題太強人所難了吧？！」不一會兒，應徵者紛紛主動放棄，只剩下三位應徵者安迪、班恩跟克里斯。

面試官便宣布：「你們有七天的時間推銷，第八天請來向我報告結果。」

到了第八天。

面試官問安迪：「賣出了幾把？」

安迪回答：「一把。」

面試官又問：「怎麼賣的？」

安迪便開始述說這幾天面對到的阻礙，他遊說了一個和尚買梳子，結果不但沒有效果，還被對方責罵了一頓，幸好途中遇到一個小和尚邊曬著太陽邊搔頭皮。安迪靈機一動，遞上了木梳，小和尚用過之後滿心歡喜，於是買下了一把。

接著，主考官問班恩：「你賣出了幾把？」

班恩回答：「十把。」

面試官又問：「怎麼賣的？」

班恩說，他去了一座名山古寺，由於山高風大，信徒的頭髮都被吹亂了。於是他找到寺院裡的大住持，對他說：「蓬頭垢面來參拜對佛不敬，廟方應該在各個香案前放把梳子，供善男信女梳理頭髮。」大住持接受了建議，班恩便順利地賣出了十把木梳。

主考官接著問克里斯：「你賣出了幾把？」

克里斯回答：「一千把。」

主考官驚訝地問：「怎麼賣的？」

克里斯說，他去了一個頗具盛名、香火鼎盛的深山靈寺，那裡的信徒與觀光客絡繹不絕。而克里斯對住持說：「凡是進香參拜者，他們都有一顆虔誠之心，寶寺應該有所回贈，以保佑信徒平安順利，還能提醒、鼓勵他們多做善事。我有一批木梳，聽聞住持您的書法超群，若您能在木梳上寫上『積善梳』幾個字，便可以作為一種善心的贈品。」住持聽了覺得有禮，便買下了一千把木梳贈送給香客。

而得到「積善梳」的信徒與觀光客也都很高興，覺得那是把帶來平安健康的梳子，如此一傳十、十傳百，這間深山靈寺的香客更多，香火也更鼎盛了。

把梳子賣給和尚，聽起來似乎有點匪夷所思、甚至讓人覺得無理取鬧，但我們若能試著以「轉個彎」的方式思考，從嶄新的推銷角度切入，就能產生完全相反的結果。

如此一來，任何看似不可能的任務，若不以刻板印象的角度切入，並且善用觀察力、洞悉力，找到真正的「行銷點」，就能化不可能為可能。在他人認為絕無機會之處開發出新的市場，這才是真正的行銷高手。

想想看，你是否常常先認為了產品賣不出去而自我設限呢？

Tips 行銷小提點

傳統行銷方式如何成交？

一大早，樓下鄰居太太就在那兒吆喝著，快點去「領米粉」。接著你就看到一大群人三三兩兩前往菜市場，有些人還帶著孫子一同前往。

問他們在做什麼？他們會告訴你，他也不知道，只知道去聽演講，就可以領到一包米粉或其他小東西。另外許多太太們一大早還會互相打聽，看下一場在哪裡辦，她們會自動自發前往，當起「職業聽眾」。

就這樣一個一個往人多的地方去，而你向前一看，原來是個賣藥的正在積極吆喝著他的商品有多好，一連下來你會看到同一時間同一地點都圍繞著同一群人，這些太太們也會邀請還不曉得的鄰居朋友們一同加入，這就是過去傳統的行銷手法，大致上可分為下列幾種：

❶ 抓住貪小便宜的人性弱點：

一般在從事行銷活動的人都知道，最頭痛的事，就是要怎麼做才能吸引大量客戶上門。因此，就有許多人會在火車站或捷運站出口，分送印有宣傳產品資料的「面紙」，讓路人願意拿這些廣告傳單。

而賣藥這些業者就抓住這些中老年婦女貪小便宜的心態，贈送每包成本不到十元的米粉或其他小東西，讓整個產品發表會出現最基本的「聽眾」。而且他們都不會中途離席，使場面太過冷清，因為要等整個發表會結束，才能領到贈品。

❷ 用低價品帶出高價品：

基本上業者心目中早已設定好要銷售的高價主力商品，但是他們絕不會一開始就先從高單價商品促銷起，反而會選定一些低價商品先做暖身運動，把場子炒熱了，再趁機推出高單價商品。

而且在推出這類高單價商品時，一定會說這是前幾天沒有買到的觀眾，所提出的要求，說這麼有效、這麼好的產品沒有買到真的是太遺憾了。

在一陣產品說明之後，只會聽到叫賣者說：「因為太珍貴，所以數量有限，不過在經過與公司老闆不斷協商下，決定只賣前三名顧客。」事實上，如果有人願意買，絕對不會是「只賣三名」！

❸ 搬出現場見證人：

在這類產品發表會上一定會出現這樣的對話：「這位阿伯，你上次買回家的酸痛藥布貼了之後，效果是不是很棒？不相信的人，等下可以問問用過的阿伯，看效果有沒有我說的這麼好！」

此外，「鼓掌部隊」與「附和大隊」一定同時存在。一旦叫賣者問到用了有沒有效，臺下就可以聽到「有效」，或者當叫賣者說到這些藥品的功效有多神奇時，一定會有人出聲或鼓掌叫好，這些都是業者自備的基本部隊。

❹ 心戰喊話：

由於聚集來的觀眾並不會像一般路邊的流動「秀場」那樣，

觀眾不會稀稀疏疏、進進出出，很容易利用固定人群所形成的「劇場效應」，來對現場觀眾加以心戰喊話，並進行「洗腦」。

例如，主持人一定會適時強調，今天現場來了數百位觀眾，比昨天還要多，尤其是昨天許多人沒有買到產品，今天一大早就來搶位置，免得又搶不到想要的商品的人。

但其實這類產品發表會的演出空間，可以說是「既開放又封閉」，開放指的是，利用露天空間舉辦；封閉指的是，藉由贈品最後才發放的動作來留住觀眾。

結果不但觀眾來了之後會乖乖聽完一至兩小時的產品發表會，路過的行人也很容易被聚集的人潮所吸引，成為觀眾的一員。

❺ 給觀眾椅子：

過去賣藥大都打「武術牌」、「動物牌」或「美女牌」，透過武術表演、現場殺蛇、殺鱉、美女脫衣秀等方式來吸引觀眾，不過卻從來不替觀眾準備座椅，結果人潮就會像海水一樣，由這一攤跑到另一攤，看哪一攤的內容精彩，就往哪裡去。

現在有些業者也會開始主動幫觀眾準備好紅色小塑膠椅，一方面可以讓年紀大的觀眾「坐得住」，同時坐下之後也不敢亂走，因為很醒目，如此反而讓業者可以按照既定課表操課。

❻ 鎖定特定客層：

景氣這麼差，可是人活著總要吃、會生病要吃藥，這和景氣好不好沒有太大差別，尤其是老年人特有的酸痛症狀及肝病，常伴隨著臺灣社會高齡人口比例快速增加。

於是業者便鎖定這群人的需要，經過改良到府銷售策略，直接把行銷戰線拉到消費者家中附近的菜市場或公園，再經由「釣魚式行銷手法」，先把潛在消費者聚在一起，透過計畫性行銷手法，進行洗腦工作。

過去傳統賣藥都是採取被動地等客戶上門的行銷手法，可是現在的業者卻是主動出擊，直接把商品攤在客戶面前進行銷售，而且透過集體催眠及劇場效應，以擴大行銷訴求。

❼ 訴諸情感：

在電子商務行銷過程中，雖然帶給人們許多便利，可是最大的遺憾就是交易過程中缺乏情感，消費者無法感受到來自業務員的「熱情」與「尊重」。

然而，傳統行銷手法卻非常重視這些因素，相當強調要用「感情」來打動消費者。尤其是對中老年人而言，他們更希望被尊重與關心。因此業者便會利用對他們的一些肢體動作來表示關懷，使得這些老年人輕易地打開錢包購買一些自認為「需要」的商品。

你的腦袋瓜夠靈活嗎？

假設排除體力與金錢因素，讓你自由選擇老年生活的過法，那麼你會喜歡那種形態的晚年生活？

A. 和一群子女承歡膝下，共住一堂。

B. 到養老院或老人公寓，和年紀相仿的人共住。

C. 自己住在偏遠僻靜的鄉下。

D. 到處雲遊四海，全世界走透透。

選擇A

你基本上是屬於有點固執的人，但固執度不高，遇到緊急的突發狀況時，不太會立刻變通，會先慌亂一陣。但是可能也因為你行事一向按步就班，因此很少出錯，所以會認為照本宣科是理所當然，腦筋的轉彎度較低。

選擇B

「視時務者為俊傑」這句名言，正代表你的處世態度，平常你還蠻堅持自己的某些原則，經常被他人認為你很龜毛。不過當情勢改變時，你還是會願意放下己見，適時調整自己的想法，讓腦筋轉個彎，以對大局有利。

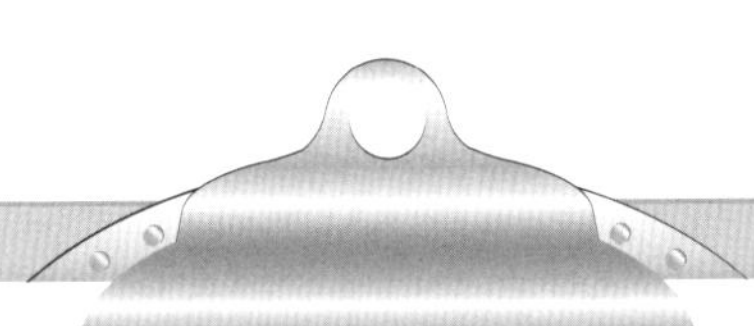

➔ 選擇C

你是個蠻機靈的人，如果狀況不對了，你也會立刻反應過來，非常熟知要如何變通，應該說你的腦筋不只會轉彎，而且速度也是超快的。不過也要小心別動的太快，否則會讓跟不上你的人留下你太沒原則的印象喔。

➔ 選擇D

不管你心中怎麼想，當遇到突發狀況時，你都會先做合理的變通處理，之後再來探討是否要這樣繼續下去。所以基本上你其實蠻固執的，不過平心而論，你能和別人進行討論，還算是能溝通的人，是識大體的性格。

激起客戶需求的 行銷點子

Stories For Enhancing

THE MARKETING ABILITY.

Story 33

如何用巧克力豆讓雞蛋變大？

有一名中年男子，擺了一大箱雞蛋在菜市場中央吆喝叫賣，但是許多路人經過他的攤位卻都只瞄了一眼就走了，而有個婦人嘴裡還喃喃自語地說：「這蛋怎麼這麼小呀！」

男子看看自家賣的蛋，今天的蛋的確是小了點，但是又不能退，天氣越來越熱，再不賣掉，若是壞掉變質了，就得全部扔掉，這樣豈不是血本無歸？

看著一整天的蛋賣得不多，男子心情煩悶地回到家，喝了一杯酒，坐在椅子上發呆。妻子看著愁眉苦臉的丈夫，一句話都沒說，只是拿起尚未織完的毛衣，坐在丈夫身旁默默地織著毛衣。

丈夫眼神放空地看著妻子纖細的手指一上一下地穿梭在毛線之間。

忽然，他站了起來，轉身從箱子裡拿出了兩顆蛋，並將其中的一顆放在妻子手中。

男子看看自己手中的蛋，再看看妻子手中的蛋，然後高興地說：「明天妳到菜市場幫我賣蛋，我來賣其他東西！」

第二天，中年男子和妻子一大早就來到菜市場，他的妻子用纖細的手指在箱子裡一邊撥弄著蛋，一邊吆喝著：「新鮮雞蛋！快來買喲！」

中年男子也坐在老婆的身邊吆喝著，但他吆喝的卻是：「快來買好吃的巧克力豆喲！」

只見一大盒巧克力豆擺在蛋旁邊，相映之下，蛋大得多了，再加上妻子纖細的手指，今天的蛋看起來一點也不小。這次還沒等到太陽下山，男子的一箱雞蛋就已經銷售一空了。

促銷是一門不簡單的學問，那麼，該如何讓客戶在不知不覺的情況下，接受你所暗藏的訊息呢？

我們說利用「對比」所產生的視覺誤差，可以讓消費者接收到截然不同的訊息，而產生不同的刺激。此時，銷售人員再將產品介紹給他們時，就會更容易了。這就是一種利用對比所造成的視覺誤差來行銷的手法。

Tips 行銷小提點

抓準客戶的需求與喜好去做

記住，要能區別客戶的「想要」與「需要」。例如，打算把功能簡單但還可以用的舊手機換成有許多功能的智慧型手機；或者，當電腦硬碟遭到不可恢復的破壞時，應儘速替換新硬碟以便能正常運作。

在這裡，智慧型手機是你「想要」的，而你真正「需要」的卻是電腦硬碟。理解這個細微的差別至關重要，因為你必須區別客戶的「想要」和「需要」，才能一箭穿心。

客戶永遠會把自己的利益放在第一位。如果你要做的事，直接或間接損害了他的利益，那麼便難以和他溝通了。和這種類型的客戶相處，你必須發自內心關心他們，讓對方感受到你內心深處的溫暖和可貴。

「關心」，是贏得信賴的敲門磚，「信賴」猶如冬天裡的暖流，能掃除人與人之間的隔閡。

「信賴」在銷售過程中，是人與人之間最珍貴的寶物，有了它，客戶不再對你設下防備的柵欄；有了它，客戶能夠向你坦誠訴說真正的期望，剩下的問題便是你如何盡最大努力滿足客戶的期望。

「關心」，不能只停留在口頭上，而是要拿出實際的行動。「關心」是「你能知道客戶想什麼」、「你知道客戶的喜好」、「你知道客戶需要什麼樣的資訊」、「你會設法提供給客戶最好的服務」、「不管生意做不做得成，你都想和對方當個朋友」。

舉例來說，Loblaw超級市場是加拿大最大的連鎖商場，其以不斷推出為客戶提供各種形式的附加服務而聞名。

很少連鎖店能像Loblaw那樣徹底地貫徹這種經營理念，這些輔助措施為客戶提供了便利，客戶在此可以享受到完整的購物服務。

日本有銷售鬼才之稱的田中道信認為：「同一個客戶，人家跑三趟，你就要跑五趟。寧願白跑、空跑。因為不跑，是做不好銷售的。若吃了幾回閉門羹就灰心喪氣，不行。如果你有時間為吃閉門羹而垂頭喪氣，倒不如把這段時間花在動腦筋上。」

田中道信拿著許多名片去跑業務，主要是用於吃閉門羹時。怎麼說呢？一旦被拒絕，他就會留下一張寫有「我來拜訪過，不巧您不在辦公室，失禮了！」這樣一段話的名片，且之後往往會收到比會面更好的效果。

這樣反覆幾次後，客戶多半會主動對他說：「麻煩您跑了那麼多趟，實在對不起！」於是，田中進攻的機會就來了。

田中道信更說：「智力的高低和實力的強弱，固然是衡量人的標準，但好的創意，只有在十分投入你所喜歡的工作時才會產生。」

更值得學習的是，田中道信認為：「如果你一開始就態度消極，那麼暢銷的產品也會變成滯銷。在你對一件工作灰心之前，首先應該先確認自己的態度是不是積極的。」

Story 34

要加一顆蛋，還是兩顆蛋？

有兩家賣粥的小店，左邊這家粥店和右邊那家粥店每天上門的顧客相差不多，都是川流不息，人來人往的。

然而，在晚上收攤結算的時候，左邊的這家粥店卻總是比右邊的那家多出一千多元的收入，而且奇怪的是，每天都如此。

原來，當人們走進右邊那家粥店時，他們的服務生總是微笑迎人，並且在盛上一碗粥的時候總是會問顧客：「加不加蛋？」

客人說：「加。」服務生就幫客人加上一顆蛋。不過顧客的需求也不盡相同，有說加的，也有說不加的，比例也大概各占一半。

然而走進左邊那家粥店時，服務生同樣也是笑臉迎人，然而在盛上一碗粥之後，她卻是問道：「要加一顆蛋？還是兩顆蛋？」

客人聽了說：「加一顆。」

再進來下一個顧客，服務生又會問一句：「加一顆蛋？還是加兩顆？」愛吃蛋的人就會加兩顆，不愛吃的或許不加，但是很少，多數的顧客都是加一顆蛋。

也難怪一天下來，左邊這家粥店當然就要比右邊的那家粥店多賣出一些收入了，不無小補。

所謂「以二擇一」促銷法，有兩種因素：一是，將客戶視為可以接受我們的商品或服務來行動；二是，使用「肯定回答質詢法」來向客人提出問題。

具體的用法是，在問題之中提出兩種選擇（例如：規格大小、色澤、數量、送貨日期、收款方式等）讓客戶任意選擇。心理學上有個名詞叫「沉錨效應」，那就是當人們在做決策時，思維往往會被第一訊息所左右，它就像沉入海底的錨一樣把思維固定在最初的某處。

例如在左邊粥店中，是「加一顆？還是加兩顆？」的問題，這第一訊息的不同，就使顧客做出的決策不同。其聰明之處在於，做事既給別人留有選擇權，更為自己爭取了最大的空間。唯有如此，才能讓顧客不自覺之中買你的單。

Tips 行銷小提點

多一點關心是銷售捷徑

有一對夫婦結婚十年，一直沒有孩子。因此，太太養了幾隻小狗，把小狗視為兒子般疼愛。

有一天，先生一下班，太太便嘮叨起來，說家裡下午來了個業務員，看到小狗在她跟前繞來繞去，卻視若無睹，她又傷心又生氣，哪裡還有心注意他的商品。

又有一天，先生一下班，太太便興高采烈地說：「你不是說要買車嗎？我已經約好了T汽車公司的人星期天來洽談了。」

先生一聽，甚為不悅：「我是說過要換車，但沒說過現在就買呀！妳為什麼自作主張呢？」

原來，T汽車公司的業務員也是愛狗之人，看到這位太太養的狗便大加讚賞，說這種狗毛色漂亮，有光澤，又乾淨，黑眼圈、黑鼻尖，是最高貴的優良品種。說得這位太太芳心大悅，如見知音，對這個業務員產生的好感自不在話下，很快就答應對方星期天來找她先生進一步詳談。

這位先生確實想換一輛新車，但他個性優柔寡斷，一直拿不定主意換什麼車。既然業務員上門，也認為看看又何妨。

星期天，這位業務員依約上門，當然是賣弄了一番唇舌。這位先生哪裡防得了這一番「綿裡藏針」之計，終於「當機立斷」，買下了業務員介紹的車。

像這對夫婦的故事實在太多了！「愛犬」如此，那「愛子」就更不用說了！看到一個小孩蹦蹦跳跳，東摸西抓，片刻不停，你也許會心中生厭，但作為業務員，你卻必須對他的雙親說：「這孩子真是活潑可愛！」

「啊，這孩子很頑皮。」他母親也許會這麼說。此時你千萬不能附和，最好誇獎地說：「哦，聰明的孩子都這樣。」

孩子是父母心中的「小天使」，看到孩子，不管可愛與否，業務員都應該說的是：「喔，好可愛的孩子，幾歲了？」這樣就一定能打開對方的話匣子，將孩子可愛聰明的故事如數家珍地對你說上一大堆。而這種熱烈的氣氛自能「融化」雙親的藉口，順利推銷出你的商品。

小孩、寵物、花卉、書畫、嗜好等都可縮短雙方的距離，對銷售成功具有推波助瀾的作用，行銷人必須要懂得善加利用。

Story 35

替富人們準備社交禮物

法蘭西萊克食品公司主要銷售一些較昂貴的食品禮盒，在市場上的售價通常較高。

在公司剛開業時，其總裁認為與其開個零售門市在大街上等人來買，還不如主動出擊，自己去找顧客。

於是他並沒有設立零售門市部，而是聘請了一批機靈、活潑的業務員，專門探聽上層社會富人們的生日、婚嫁、待客、探親、訪友等日期與其背後社交關係，然後在這些日子快到的時候，逐一上門，呈上送禮清單，方便富人們自由選購。

如此奇特又貼心的促銷模式，使得這些富人們感到意外方便。他們在接受這些禮單的時候，還紛紛提供了一些自己親朋好友的訊息，讓公司有了更多的新客戶。

於是，在很短的時間內，公司的經營狀況有了非常明顯的成長。

以一位富豪的生日為例，在數十件的生日賀禮之中，該公司售出的禮品竟然就占了九成，這些禮品堆在一起，簡直成了萊克公司的一道「凱旋門」。

也難怪乎萊克公司的總裁曾模仿當年的拿破崙，得意地對大眾說道：「我的錢是用一張張薄的紙片（名片）換來的！」

學到了什麼？

這個食品公司的市場分析能力令人佩服，它先定位好自己的產品「等級」，然後採取相應的銷售模式。這個步驟看起來似乎並不難，但實際上卻需要有著敏銳的市場觸覺和極強的問題處理能力。

而我們要從中學習的是，首先清楚自己的產品在市場中處於什麼樣的定位與價值，之後在具體的銷售方面就會容易得多了。

Tips 行銷小提點

務必廣布人脈蜘蛛網

「資訊」是推銷的基礎。能廣布資訊網，收集有關銷售的資訊，如此一來，便能使行銷業績提高到令人驚異的地步，進而成為一流的業務員。

有位人稱「錢先生」的業務員，是個受大家喜愛、歡迎的汽車業務員。每天早會開完，他向經理簡單報告一下今天要拜訪的客戶後，就隨即出發。

上午與十位客戶面談，乃是例行之事。而面談時，他總是問問車子狀況，或者幫客戶看一下引擎，加一點油，這使得每位客戶都很喜歡他。

有時，他還會不經意地講一聲「林太太，上次您跟我提的那位朋友，最近怎樣啊？拜託您啦！」如此若無其事地，又把一位新的客戶納入自己的客戶網裡，這就是錢先生以「售後服務」的訪問，將現有客戶當成強而有力的資訊來源，以招攬未來客戶的絕招。

錢先生以兩種對象作為自己的資訊來源。第一種是跟自己來往過的客戶；第二種是鄰近地區的商人，因為他們是第一手資訊的收集者，尤其是雜貨店、小吃店的老闆娘，只要見面，就會有資訊產生；接下來就是鄰里中有威望的人，一些商店的老闆，或是在本地有號召力的太太，要是讓他們討厭你的話，那麼你的業務根本無法在本地擴展。

而在公司裡，要尊重長輩、先進的意見，見面時常給予禮貌謙虛的招呼，也可利用一些同鄉同校的關係，以私人的情誼為牽線，開展人際關係。

在社交方面，錢先生也常接觸到社會上一些有名望，各方面皆具有影響力的人，跟這些人見面時，最好是坦誠告知自己的來意，使他看重你。因為這類人的看人眼光很準確。你不要藉由一些小伎倆來矇騙人，用自己的真材實料、真心誠意跟他接觸，這是最好的辦法。

人與人之間的往來，就像一張蜘蛛網，需要細心地維護。只要斷掉一根線，就可能失去相關的有力人士，所以維護這些關係時，絕不可偷懶。

例如，當得知你的客戶發生重大事故時，應該給予一些關心，你可以送點禮物或寄張慰問明信片，以表示你的心意。而能擁有屬於你自己的情報來源，並將其擴大，是讓你突破業績的最佳方法。

Story 36

農夫女兒的寵物小馬

有位農夫想要為小女兒買一匹小馬。在他居住的小城裡，有兩匹小馬要出售，從各方面看，這兩匹小馬的品質都差不多。

第一個賣馬的商人告訴農夫，他的小馬售價五百美元，想要的話，可以立即牽走；第二個商人則為他的小馬索價七百五十美元。

但第二個商人還告訴農夫，在農夫做任何決定前，他建議讓農夫的小女兒先試騎一個月，以防小馬不適應環境。

但商人除了將小馬帶到農夫家之外，還自備小馬一個月吃草所需的費用，並且派出了自己的馴馬師，一個星期一次，到農夫家去指導他的小女兒如何餵養及照顧小馬。

他同時告訴農夫，小馬十分溫馴，但最好讓他的小女兒每天都能騎著小馬一兩個小時，讓彼此互相熟悉，因為小馬也是有感情的。

最後他說，在第三十天結束時，他會到農夫家一趟。

屆時，農夫可以有兩種選擇：一是讓他將小馬牽走，他會將馬房清掃乾淨；二是農夫支付他七百五十美元，將小馬留下。

而最後的結果是，農夫的小女兒捨不得讓那匹小馬離開，因此農夫便花了七百五十美元將第二位商人的小馬買了下來。

在你尚未付錢之前，如果試穿一件新衣服，看見了自己穿上它的樣子，那種感覺、那種表現，還有店員的讚美，這些外在的影響力遠遠超過它的價錢。你幾乎可以看見自己穿著新衣服走在街上的樣子，於是你說：「好吧，我買這件。」

一樣的商品，有的人能賣出好的價錢，其根本原因還是服務做得好，這就是「風險逆轉」的行銷策略。

如果你是公司第一個做出「風險逆轉」的行銷人員，或是同行中唯一如此做的公司，那麼，就能搶先贏得顧客的信任，進而有更大機會談成交易，成為最後的贏家。

產生感情的寵物成交法

「寵物成交法」此一技巧是寵物店的老闆經常使用的技巧。寵物店的老闆發現小孩子經常吵著父母親為他們買寵物，有時父母怕麻煩，並不想養寵物，但經不起孩子的吵鬧，所以就帶著小孩子到寵物店去隨便看看。

然而當小孩子看到一隻非常喜歡的狗狗、貓貓而吵著要帶回家時，父母通常會拒絕購買，此時寵物店老闆就會很親切地告訴父母和孩子：「沒有關係，你們不需要急著買，你們可以把這隻小貓小狗先帶回去，跟牠相處個兩三天，然後看看你們是不是要買牠。如果不喜歡，可以再把牠帶回來。」

所以當父母與小孩帶著一隻可愛的寵物回家，經過了幾天之後，全家人都愛上了這隻小狗小貓，雙親只好掏錢買了這隻寵物，這就是所謂的「寵物成交法」。

但很顯然地，並非所有行業都適用這個「寵物成交法」，但是越來越多公司的行銷策略是，他們會想盡辦法將其產品送到消費者手中試用，這已成為行銷過程很常見的一部分。

「寵物成交法」在銷售有形的產品時較為適用。所謂的「有形產品」指的是那些可以看得到、摸得著、有具體形象的產品。它的方法是，讓客戶實際地觸摸或試用你所銷售的產品，讓他們感受這個產品已經是「屬於自己」的了。

依照銷售心理學的研究發現，當產品交到客戶的手上，並使用一段時間後，甚至只是短短幾天，在他的內心就會產生一種認為該產品已經屬於自己的感覺，而當業務員要再來把這種產品拿走時，他的心裡總會有些不習慣，而且當他的內心已經認為這種產品是屬於他的時候，就更容易做出購買的決定。

因此，有可能的話，先讓客戶試用你的產品，這樣他會更容易做出購買決定。由統計資料得知，如果準客戶能夠在實際承諾購買之前，先行擁有該商品，那麼交易的成功率將大為增加。

世界最大的日用品銷售商安麗公司，也曾經使用過這種方式。他們要求直銷人員去拜訪客戶時，每個人手上提著一個產品試用袋，在他們拜訪客戶時，會先將這些裝滿各式各樣產品的試用袋交給客戶，告訴客戶可以隨意試用袋子裡的任何產品，而且都是免費的。過了幾天或一週後，直銷人員會回訪這位客戶，詢問客戶對這些產品的使用心得，或是需要協助的地方。

而安麗公司僅僅運用這樣的方式，就使該公司創造了驚人的銷售額。

Story

37 欲擒故縱的香料領帶

某百貨公司男裝櫃位的經理曾多次拒絕接見一位領帶業務員，原因是，該公司已經有一家固定合作的領帶供應商，因此，經理認為沒有理由改變原先的合作關係。

一天，這位領帶業務員又來了，然而這次他先遞給經理一張紙條，上面寫著：「能否給我十分鐘時間，就貴公司的一個經營問題提供一點建議？」

這張紙條引起了經理的好奇心，這位業務員被請了進去辦公室。

於是，他拿出了一條新式的領帶給經理看，對他說：「這種領帶使用了一種特殊的香料。這種香料價格昂貴，而且製作過程比原來的複雜了很多倍。但是它戴在身上會散發出一種淡淡的自然香味，使人心情愉快，目前很受年輕人歡迎。正是因為這個原因，我想請您參考看看是否能對您的業績更有幫助。」

經理仔細端詳著這條領帶，認為它確實是一種新潮的產品。

業務員看到經理產生更大的興趣了，便突然對他說：「對不起，十分鐘的時間到了，我說到做到，不能再耽誤您寶貴的時間了。」說完，就立刻拿起公事包準備要離開。經理看了急了，表示還想再看看那些領帶，聽他多作說明。

最後，他按照業務員所報的價格訂了一批貨，而且他給的價格還比業務員自己所報的多了一元。

學到了什麼？

俗話說：「吃不到的才是最好的。」

這位業務員準確地利用了經理的這種心理，先讓經理好好地看看產品，當經理也認可產品的優點時，就藉機說自己要離開，這時候會讓對方產生一種心理壓迫，因而促使他自己要趕快做出決定。這樣的方式，也是行銷心理戰術裡非常有效的一種。

Tips 行銷小提點　知己知彼，先觀察再談銷售

一板一眼的推銷法已經落伍了。有些人即使疲於奔命，揮汗如雨地四處奔走，業績仍無法提高；但有些人不必如此努力，卻也能維持極高的銷售業績，原因何在？

你會發現，有些業務員能與客戶侃侃而談，最後順利地搶得訂單；而你只能張口結舌地在一旁暗自佩服。對你而言，這樣的能力簡直令人嘆為觀止，彷彿就像變魔術一樣。

如果你也想擁有這樣的能力，不妨向上司或前輩請教，向他們學習「忍讓客戶」，同時要想出一套與客戶商談的模式。這種能力簡單地說，就是一種根據客戶心理的轉變，推展商談的能力。

首先，你必須培養觀察客戶心理的能力；然後再分析客戶期待的是什麼，以客戶所期待的話來回答他，直接切入他的內心所想。最後，再將客戶引導到購買商品的關鍵點。此時，這筆生意大概就跑不掉了。然而這種能力的培養，需要靠平時的訓練。

在最初與客戶接觸時，應該先判斷客戶對自己的感覺。一旦察覺對方對自己有警戒心時，先不要急著與對方拉近關係，先在言談中，若無其事地表露自己的誠意，以突破客戶的心理防線。

如果客戶還有疑慮，那麼不妨先以親切的態度與客戶閒聊，使客戶放鬆心情，在輕鬆的氣氛中切入正題，就能使商談進行得較為順利。

促銷產品時，可以充分發揮自己的觀察力，從客戶的眼神、表情及行動來判斷他對商品的興趣及心態。如果發現客戶的心思不集中，或明顯表示不感興趣時，可以突然停止說明，或用詢問對方的方式，使客戶的注意力及思路轉移過來。

不要一味地以公司的資料進行說明，要能巧妙地提出能吸引客戶興趣的話題，判斷客戶所提出的拒絕理由，可信度有多少？客戶拒絕的程度有多大？一切視情況隨機應變。

有很多剛入行的新手，對於附和客戶的話、正確掌握時間及帶動現場的推銷技巧感到十分棘手。但只要記住一個原則，那就是設法瞭解客戶的心理，並迎合他的喜好即可。而這種能力隨著銷售經驗的增加，自然能培養出來。

Story 38

哼著民謠的牧牛機器人

美國乳品大王史都·李奧納多（Stew Leonard）所經營的世界最大乳品超級市場「李奧納多乳製品」（Leonard's Dairy），每週有十萬多人光顧，能賣出超過九萬五千個月形麵包，年銷售一百八十萬個蛋捲冰淇淋、三萬兩千噸各種家禽，年銷售額總計超過五億美元。

僅僅只是靠著單純的乳製品，李奧納多是如何打開銷路，讓貨架上的東西快速賣掉的呢？說來也非秘訣，那就是創造一個能刺激客戶購買欲望的良好環境，也就是他們的店頭廣告做得非常好。

首先，李奧納多別出心裁地在超級市場門前，放上了一頭裝扮得漂亮的乳牛，這頭乳牛頭戴紅帽，腰繫紅帶，不時地搖頭擺尾向客戶打招呼，牠可愛的模樣令人不由自主地聯想到牛奶。

其次，進入市場的大門，前廳是一頭形態逼真的塑膠乳牛，胖胖圓圓，栩栩如生，旁邊還站著一個哼著民謠的牧牛機器人。讓人想到在那遼闊的大草原上悠閒唱著牧歌的牧童。

接著，在展售大廳裡，還有兩隻活潑可愛的機器狗，每隔六分鐘就唱一次「某某產品真好吃、某某產品真好吃」之類的幽默歌曲，讓你也不由得地想嚐嚐這種「真好吃」的食物。

透過層層漸進的安排，顧客的購買欲望已經受到了初步的刺激。

然而接下來還有第四步。當顧客在琳琅滿目的商品中漫步時，陣陣的烤麵包香，帶著各種風味的濃郁奶香撲鼻而來，令人食指大動。

至此，恐怕就很少有人能不受誘惑吃上一口了。

人的購買心理常常會受到外在環境的影響，所以，創造一個良好的購物環境，營造別出心裁的氣氛，來吸引客戶的眼光，以刺激客戶的購買欲望。你可以從視覺、聽覺與味覺三方面入手，提供客戶一種溫馨、親切和快樂的享受。

如此，客戶既滿意之，也達到了我們行銷的目的，彼此雙贏，實在是一種高明之舉。

Tips 行銷小提點

給點人情小禮物就能攻心

人們大多喜歡別人對自己的孩子表示友好，所以，你會蹲在地上對小男孩說：「小朋友，你叫什麼名字？小偉啊，你一定是個乖孩子，對吧？啊！你手上的機器人好酷呢！」然後，他的父母親正在一旁看著這一切。

「小偉，我有個小禮物要送你，猜猜看是什麼？」說著，你就從座位上的包包裡掏出一大把棒棒糖來。在這整個過程中，你對孩子的友好態度，也是你促銷的手段之一。顯然地，客戶怎麼可能對一個與他的小孩一起玩耍的人說「不」呢？

或者，客戶突然想抽根菸，摸摸口袋卻發現已經抽完了。

「請等一下。」你這樣說，並且很快從自己的包包裡拿出了四、五種不同牌子的香菸，「您習慣抽哪一種呢？」

「給我『萬寶路』吧！」

「好，給您。」你打開一盒「萬寶路」，遞一根給他，再幫他點燃，然後把剩下的交到他的手裡。記住，這種時候他就已經把你的名字刻在他的腦子裡了。

「真是謝謝你！我欠你太多了。」

「喔，千萬別這麼說。」你要如此回答。

但你就是要讓他覺得欠了你的人情！

實際上，你的那些人情小禮物和那種豪奢禮物比起來，只能算是小巫見大巫。例如，一些有錢人一擲千金，就為了一張超級籃球賽或者職業棒球賽的門票！也許最闊綽大方的例子，應該是賭場老闆們。他們的附贈小禮品是什麼？是頭等艙的往返機票、高級豪華的名牌、讓人大開眼界的佳餚美味。一句話，客人們想要什麼，就有什麼。他們把「送禮」當成學問，而在客人們感到體面的同時，自然會掏錢購買大堆大堆的籌碼，興致勃勃地不斷擲下骰子。

往往，賭場從客人們身上賺回的錢，卻往往比客人付出的還要多上許多倍。

一般而言，人情禮物應當相對地便宜一些，否則的話，你的客戶會覺得像是收了什麼賄賂禮物，而且有可能認為你想收買他。所以，一些對此較敏感的公司會禁止所屬的業務員花錢請客戶吃飯。

建議你在推銷之前最好多做準備，要確認禮物能被客戶所接受。因禮物太昂貴的另一個危險是，客戶有可能寧可不收禮物，會反過來要求你降價賣產品給他。

Story 39

襯衣紙板上的食譜廣告

美國商人史太菲克發現，許多洗衣店為了保持剛熨好衣服的平整、避免皺褶，會將衣服裡夾一張硬紙板，也就是將衣服折疊在紙板裡面。而這種襯衣紙板每一千張的成本是四美元，於是他在腦海中萌發了一個可以賺錢的小創意。

首先，他以一千張一美元的價格出售紙板，但他的紙板上會登上一則廣告，登廣告的人必須付給他一筆廣告費，這樣他便可從中獲得一筆收入。

但要使這樣的廣告發揮宣傳作用絕非容易的事，因為，洗衣店的顧客通常會將從衣服上拆下來的襯衣紙板拿出來後就隨之丟棄。

那麼該如何讓這種登有廣告的襯衣紙板能被長期地保留在顧客家中，進而達到廣告的目的呢？

於是，史太菲克便開始在襯衣紙板上印上一則則彩色或黑白的廣告。同時，增加了有趣的兒童遊戲、益智字謎，甚至提供家庭主婦們美味料理的食譜。

沒想到這一招真的管用！很多家庭主婦為了設法得到更多史太菲克的食譜，甚至把還不是很髒的衣服提前送到洗衣店裡。

此外，為了擴大公司的業務，史太菲克還向美國洗染學會捐贈了出售襯衣紙板的部分收入，該學會為了表示感謝，便建議所屬的各個會員和同業工會，多多購買和使用史太菲克的襯衣紙板。

就這樣，史太菲克幾乎壟斷了市場。這個看似讓人瞧不起的小生意，在人們驚訝的目光之中，竟也成為了一筆賺錢的大生意，史太菲克也因此一躍成為美國著名的富商之一。

史太菲克成功的關鍵在於，清楚自己產品的消費對象（家庭主婦）及其消費心理（想要食譜），進而制定了相應的行銷策略，真可說是「對症下藥」。

而成功之後，他懂得再尋找其他途徑來替他的產品做廣告，還讓同行學會為其做宣傳，讓別人替他發聲，這無非是一種更高明的手段，這樣的策略是很值得行銷人員學習和模仿的。

Tips 行銷小提點

什麼是最佳的廣告方案？

做廣告是一門專業學科，首先，必須確定廣告目標、廣告對象和廣告策略。說得通俗一些，就是要知道「說什麼」、「說給誰」、「怎樣說」和「說成什麼樣子」。當然，這是最基本的要求。

一個富有生命力的廣告，必須要有「新意」，不要重複別人做過的、不要模仿別人想過的，以新鮮的面貌刺激消費者，才能引起人們的注意，讓人們留下深刻的印象。

廣告的形式、載體、文案等都沒有固定的模式，而「與眾不同」就是廣告的原則和命脈，只有在內容和形式等方面都別具一格，並確保有亮點才能成功。

成功的廣告很多，有的借助名人效應，讓名人和明星們幫助企業承諾產品品質，為其優越性提供證詞；有的製造新聞來炒作，精明的生意人經過一番精心策劃，製造「事端」，看上去不是廣告，卻勝似廣告；有的以新穎動人的文案取勝，這樣的產品必定會深入人心；有的大牌企業乾脆讓廣告無處不在，消費者想躲都不行。「麥當勞」就是最成功的例子，金黃色的「M」字標誌，在任何國家、任何城市都很容易清楚判別……。

產生好創意廣告的方法還有很多，但是萬變不離其宗——廣告創意必須生長在調查研究的土壤中，準確定位，廣開思路，這樣才能開出靈感的花朵。

所謂「定位準確」，就是要找出你的準消費者，確定產品在消費者心目中的地位，要做適合自己企業的廣告。如果為孩子們喝的飲料做廣告，把畫面拍攝得沉靜而懷舊，並且配上文縐縐的文案，你想小朋友們能理解嗎？這個品牌會受他們的歡迎嗎？

如果脫離了定位，或者缺乏調查和研究，即使再與眾不同的廣告也會失敗，如此就不是與眾不同，而是與眾分離了。

廣告可用各種不同的組合方式來表達所要推銷的產品：

❶ **生活裡的小片段：**以此種方式，表現一個人或者更多人在日常生活中使用本產品的一般情景。例如，「金蘭醬油」便是利用家庭主婦使用醬油滷肉的情景來表現產品的美味。

❷ **生活形態：**強調該產品符合某種生活形態。例如，某種咖啡飲品在廣告中的情境搭配是以辦公室為背景，呈現人們具有活力幹勁的樣子。

❸ **新奇幻想：**即在創造一些與產品本身或其用法有關的新奇幻

想。例如，「OREO巧克力餅乾」的廣告，提倡消費者以「轉一轉，再舔一舔」的方式來吃餅乾，感受另一番風味。

❹ **音樂：**此為使用一個人、一群人或卡通人物唱和產品有關的歌曲為背景，或直接展示出來。例如「QOO」，以歌曲來介紹其產品，消費者一聽到其音樂就能琅琅上口。

❺ **個性的象徵：**此為創造產品個性化的特徵。這些特徵可能是生動活潑的或真實的。例如，「多力多滋」的餅乾代言，請了學生歌手盧廣仲來強化產品的特色，表現出其個性及流行的風潮。

❻ **氣氛或形象：**此在喚起對產品的美、愛或安詳的感覺，以建立產品的氣氛或形象。它不為產品做任何聲明，僅做暗示性的提示。例如，「麥斯威爾」咖啡的「好東西，要和好朋友分享」的廣告，就徹底表現了朋友之愛，成功地替該品牌打下知名度。

❼ **科學證據：**為提出調查結果或科學證據，證明該品牌確實優於其他品牌。例如，「舒酸定」的牙膏，由牙醫師親自來證實，並做實驗，證明該產品的清潔力及美白防蛀的效果皆是毋庸置疑的。

一個有效的廣告策略，對新產品的成功上市是非常挑剔、嚴謹的。而一個成功的策略，不能單單只考慮到眼前銷售量和知名度的問題，必須同時在產品面臨轉型前提出應變策略，這樣的廣告策略才會是最佳廣告方案。

Story 40

餐廳變廁所，生意也看漲

張老闆曾在知名飯店裡當了十幾年的大廚，多年來也存了一些積蓄，一直都想自己開一家餐廳。於是，他在國道旁邊選了一個地點，開了一間名為「發祥」的餐廳兼土產店。

他想，這條公路是交通要道，每天車輛、行人川流不息，客人一定會很多，生意自然不會差到哪裡。但是現實卻是，儘管門前車流滾滾，但餐廳卻是門可羅雀。一個月下來，「發祥」不僅不發，倒還先虧了一大筆。

張老闆真是不明白，明明這麼多人潮都從門前路過，為什麼他們都不吃、不買呢？是餐廳的味道不行，還是服務不夠周到呢？但是他們連吃都沒吃過，又怎麼知道店裡的料理和服務不合他們意呢？

有一天，閒得無聊的他突然看到一則外國廣告，它的廣告詞非常幽默。於是他靈機一動，也來了一個「照本宣科」，內容是這樣的：

發祥餐廳徵客啟事：「如果你們再不進本店吃點東西，那麼我們的所有員工就要真的喝西北風了。」

張老闆喜孜孜地看著做好的廣告布條，心想，這次的生意總可以好一點了吧？

然而一個月又過去了，大紅喜氣的廣告布條被風雨打得悽慘落魄，但餐廳的生意還是老樣子，沒有因為這次的廣告而有所改變。這下子，張老闆真的急得像熱鍋上的螞蟻了。

著急了幾天之後，他忽然有個想法，他設法在離飯店不遠的空地上，花錢建造幾座寬敞乾淨的廁所；然後，再將原來放在公路邊指引路線的「發祥」廣告招牌用油漆刷白，用鮮紅的油漆寫上「發祥廁所」兩個大字。

這樣一來，往來的人潮從很遠的地方就能看到「發祥廁所」這兩個大大的紅字了。

廣告招牌才剛裝好，當天就有幾輛旅遊巴士停下，從車上湧下一批遊客，直奔餐廳旁邊的廁所。在等待遊客上廁所的同時，其他遊客自然就會到「發祥」去逛逛，有的買點路上吃的小點心，有的買買土產，好不熱鬧。

於是，日子一久，公路上來來往往的司機都記住了「發祥」旁邊有免費出借的廁所，當來不及到下一個目的地時，每天都會有數十輛車停在「發祥廁所」的空地，如此「發祥餐廳」的生意自然好得不得了！

當正常的銷售方式和獨特的宣傳方式都不能夠奏效時，此時使用「非常人」的方法，獨辟蹊徑，或許就能得到意想不到的效果。

張老闆的策略完全不落窠臼，用公路廁所當餐廳的廣告招牌，竟收到如此良好效果。靈活的行銷人員必須經常刺激自己的創意，思考自己的優勢在哪（公路旁的餐廳），輔以創新的宣傳方式（免費出借廁所），便能殺出一條血路。

特立獨行的創意廣告詞

「廣告」最重要的就是「創意」。「創意」即創造新的東西，也就是將原先已經存在的東西，也許是不大起眼，也許是擱置了許久，加以重新排列組合，而成為全新的東西，即是我們定義的「創意」。

「創意」的創造法並不在於從哪裡找，而是按照其創造法的方法，做自我訓練及把握住產生創意的原理。因此「創意」因數，其實是無所不在的，只要仔細觀察，可能隨時都會有新發現。

如果消費者看了廣告無法產生立即的反應時，就代表整個廣告策略上出現了缺失。所以，一個完美的廣告策略是要讓自己知道「我們應該做什麼」，這遠比如何去做重要。

舉例來說，埃德．默維希是加拿大零售業之王，以他的名字命名的「埃德商店」，是加拿大最大的零售超級市場，年營業額達一百零一億加幣！這在地廣人稀的加拿大簡直是神話般的奇蹟。默維希白手起家，他是如何一步步走上零售業之王的呢？

默維希一九一四年生於一個歐洲猶太移民的家庭，十五歲那年，父親就與世長辭了。正在多倫多讀高中的默維希，毅然擔起養家的責任，他開過雜貨店，但沒有賺到什麼錢，後來又進入了一家超級市場工作，但薪水還是很有限。

家境貧窮的他，毅然辭去了超級市場的工作，重操舊業，開設了一家販賣體育用品的商店，名叫「運動小店」。這一次運氣好一些，經營了幾年，手頭居然也小有一筆積蓄了。

應該說，這幾年的磨難讓默維希學到了不少教訓。尤其是在經營「運動小店」時，他把市場定位在中、低檔服裝上，頗得一般消費者的青睞，只是苦於資金有限，無法擴大經營規模。但聰明的默維希牢記這些年失敗與成功的心得，他在等待合適的機會，準備大展身手。

二次大戰後的多倫多，與世界上其他地方一樣，百業蕭條。默維希抓住機會在多倫多買下一家二手商店，決心按之前的規畫去做。他把商店稍作整修，並掛上「奧尼斯特．埃德商店」的醒目招牌，很快就開門營業了。

一天，人們在這家商店的外牆上看到這麼一個別緻、有趣而又吸引人的廣告：

「致尊敬的顧客們：敝店的店像垃圾堆，敝店的服務令人難以恭維；敝店的貨架只是一堆破爛箱子；但是敝店的價格絕對是全市最低的！

奧尼斯特．埃德商店」

老實說，這樣的廣告，人們還是頭一次見到，對比其他的那些司空見慣的、用詞華麗的廣告來說，默維希的廣告讓人們感到樸實無華，非常實在。因此，許多人決定到這家與眾不同的商店去看看，親身經歷它的「零亂」和廉價。

於是，絡繹不絕的顧客湧進了商店，他們欣喜地發現自己並未上當。這裡商品種類繁多，從日用品到嬰兒副食品，從指甲刀到婚紗，簡直無所不有，而且的確貨真價實。

顧客相信了，就是那些只是出於好奇逛一逛的人們，也忍不住買了大包小包滿載而歸。

默維希因此一炮而紅！

他的成功，與廣告有著直接的關係。而那則別出心裁的廣告台詞出自於他自己的手筆。他從這則引起轟動效應的廣告中悟出：「高明的廣告，所帶來的力量是無窮的。」

從此以後，他始終親自動筆寫廣告詞，直到功成名就的今天，仍堅持每兩週撰寫一次文案。

「奧尼斯特．埃德商店」起初位於多倫多市的貧民區，開業頭幾年，來商店購物的多是中、下層的顧客。但是，隨著該店的聲望日益高漲，慢慢地有些高貴的夫人、紳士也來惠顧此店。

默維希回憶說：「過去來此購物的上流社會人士，開始時還有些不好意思，他們總是推說『為女僕買東西』之類的理由。可是到後來，他們也很自然地來去自如。到最後，外地來的遊客也會到本店採購廉價商品，當作旅遊行程中必做的一件事了。」

你做什麼工作容易成功？

股票「跌跌不休」，事業愛情不知明天何在，算命熱潮正反映出人們內心的不安，在中西五花八門的算命方法之中，你最相信的是那一種？

A. 塔羅牌。

B. 占星圖。

C. 易經卜卦。

D. 八字風水。

➔ 選擇A

你是個感性強烈的人，藝術天份是上帝賜於你的資產，創作是你發達的管道，即使創作能力不足以糊口，你還是可以尋找和藝術相關的工作，如此工作起來讓你更有成就感。諸如那些體力勞動，或是經商等工作，其實並不適合你，勉強去做只會使你喪失對自信心。

➔ 選擇B

你是個兼具理性和感性的人，在事業發展上，你反應快速的腦袋，能給接觸過的人對你留下深刻的印象，但是不能堅持到底的毛病，是你要特別注意、改善的部分。任何和人際有密切關係的工

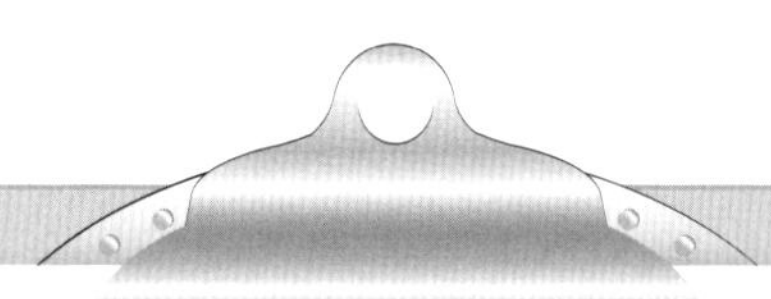

作，其實都頗為適合你，例如業務、記者等工作，但是記住不要半途而廢，成功就將指日可待。

➔ 選擇C

你是一個性格爽朗的人，總是往前看，不會耿耿於懷於昨日的失敗上，而能持續往前衝刺，因此研究型的工作最適合你，因為你總是能埋頭研究，擁有即使遭遇挫折仍能越挫越勇的精神。

➔ 選擇D

生活對你來說，是個嚴謹的課題，你對自我的要求超高，辦事更有一套做法。你不會人云亦云，最適合自己創業，能完全發揮你的才華和見解，你是能白手起家的優秀人才，要不然就是找個能賞識你的好老闆，你就會是匹沒人敢輕忽的千里馬。

特立獨行的
行銷撇步

Stories For Enhancing
THE MARKETING
ABILITY.

Story 41

我賣的機器比別家的貴

日本企業家小池曾說：「做生意要成功的第一要訣就是誠實。誠實就像樹木的根，如果沒有根，樹木就別想活下去了。」

小池出身貧寒，二十歲時就在一家機器公司當業務員。有一段時間，他推銷機器非常順利，半個月內竟然就跟三十三位客戶做成生意了。

但是，小池之後發現了自家公司賣的機器竟比別家公司出品的同樣性能的機器昂貴，他想，那些和他簽約的客戶如果知道了，一定會對他的信用造成破壞。

於是，覺得非常不安的小池帶著合約書和訂金，整整花了三天的時間去逐間逐戶地找客戶，然後老老實實地跟他們說明，他所賣的機器比別家的昂貴，請他們考慮再三。

然而這樣誠實的做法卻使得每一位客戶都深受感動。結果，這三十三人當中竟然沒有任何一個人跟小池解除合約，這反而更加深了他們對小池的信賴。

日後，這件事被傳了出去，人們紛紛去小池工作的公司購買東西或者直接向他訂購機器。然而他在成名之後卻仍常說：「做生意最重要的，就是要有替顧客謀福利的想法，我認為這比玩花招更重要。」

有些人做生意習慣漫天要價，以假亂真，一味地以不正當的手段「騙取」顧客的錢，他們以為這是「致富」的捷徑。但是他們錯了，這種做法可以騙顧客第一次，但你不可能騙顧客第二次、第三次，因為真正聰明的經營者都懂得，做生意靠的是個人及公司的信譽。以誠待客，客自來，顧客信任所造就的「回頭客」才是商家生存的基礎。

而推銷的根本則是在販賣他人對你的信任，如果客戶對你的產品有一種可以信賴的、放心的感覺，那麼成功就在眼前了。

無論是廣告、宣傳、或者售後服務，這都是一種機會，一種博得客戶信賴的途徑，但務必要記住的是——所有基礎都源於業務員的誠實與態度。站在客戶的立場，設身處地替對方著想，凡事以誠信為最高原則。

那麼，你的良好信譽，除了能讓你留住既有客戶之外，還會擁有更多的客戶為你介紹來的新客源。

Tips 行銷小提點

不斷進步的業務員有哪些特質？

❶ 創造對方購買動機：

Top業務員擅長分析客戶個性，能根據對方的期望做推薦，促使對方回應。如果目標客戶沒有特別的購買動機，他也能創造促成購買的動機。

❷ 目標對象有哪些需要注意：

Top業務員會先瞭解以下各項，再將目標客戶做適當的分類：(1)目標客戶的財力、(2)客戶對產品或服務的需求程度、(3)客戶的購買意願。

因為，不將目標客戶做分類卻企圖去銷售，是「無法成交」的最大因素。

❸ 假裝主導權在客戶手上：

Top業務員能夠在最適當的時機結束介紹，促成交易。讓目標客戶認為是自己主動去購買的。

❹ 全心全意表現自己：

Top業務員同時也是王牌演員，能運用豐富的肢體表現誠實地解說產品，打動目標客戶的內心，引發對方高度的興趣。

❺ 轉逆為順的成長力：

Top業務員有寬廣無比的心胸，能轉化挫折為正向力量，因為他們知道那是成長的必要條件，所以不怕被拒絕，不相信「不可能」。

他們認為對方說「不」只是需要你清楚說明的開始，因為所有的客戶都有著抗拒心理，正因為他們瞭解這一點，就不會受到太大的負面影響。

❻ 喜歡提供超出對方預期的撒必素（服務）：

Top業務員對目標客戶提供的質與量，多數都喜歡超出對方預期的服務，因此獲利也經常隨著客戶的回報而增加。

❼ 能從失敗及實行錯誤中修正：

Top業務員在每一次的失敗當中，或者是從觀察他人的錯誤之中，多半能分析出問題點，並積極地找出解決方法。

❽ 永遠保持謙卑：

許多人認為謙卑是消極的美德，其實不然。謙卑是一種力量，所有偉大的進步——心靈的、文化的、科技的，都緣於此。

謙卑是達到個人成功不可或缺的要件，不論你的目標為何，在到達成功的頂峰時，回頭來看仍會認為這點最為重要。

謙卑使你獲得智慧，智者最重要的特質是能夠說出：「我可能有錯。」謙卑才能使你由挫折中「找出成功的契機」，它將是一種積極美好的處事力量，無遠弗屆。

十字路口的中年男子

一個穿著普通的中年男子，每天早上七點到九點都會準時出現在某個十字路口，而這種情況已經連續十天了。

他的手裡拿著一個碼錶，不時地看一看路過的人，一副若有所思的樣子，還不時地在手機上打字記錄著什麼。附近的商家都不知道這個男人的目的，甚至覺得他有些詭異。

第十五天，這個中年男子又出現在這個十字路口，他確定好地點後，連忙地指揮施工人員做設置招牌前的準備工作。

附近的商家在旁圍觀，有人忍不住問中年男子：「你這一陣子老是在這裡走動，是不是就是為了這個廣告招牌啊？」

中年男子笑著說：「是啊！每天我都會紀錄下這裡行人的大概數目，觀察他們，推算他們的消費水準和所屬族群，還會注意他們目光會停留的地方和停留多久的時間……。」

附近的商家好奇地問：「你這麼認真，是因為這個廠商很有名吧？」

「普通啦！並不是特別有名。」中年男子笑著回答。

最後當這大型廣告招牌掛上了之後，人們透過媒體才知道，原來這是由一家知名的跨國廣告公司所負責行銷製作的宣傳廣告。

論實力，這家公司可以對市場狂轟亂炸，製造出亮眼效應，但是他們沒有。因為他們知道要讓廣告發揮最大的效益，才能實際加強產品的銷售，提高簽約企業所能獲得的效益，而不只是為了廣告而廣告。

如果你的產品品質絕對優等，那麼也不要不屑於宣傳，因為你不「廣而告之」，那麼生意就只能維持同一個水平，而且別人如果越來越好，那麼差距還會越拉越大，遲早你會被別人併吞或者自我放棄。

然而在廣告活動當中，與其大肆地炒作、製造轟動效應，不如做些更實在的事情——那就是進行市場調查，精確地計算投入費用，周密地考慮可能會出現的問題。這樣做出來的廣告，不僅費用要少得多，而且定位也準確得多。而且，這樣的廣告，肯定能收到最好的成效。

Tips 行銷小提點

根據客戶需求，隨機應變

說到底，做生意就是要撥動顧客最容易被打動的那根心弦，讓他們願意與你合作，心甘情願掏錢地購買你的產品或服務。而每個人身上總會有最容易被打動和值得稱讚的地方，只要你的話能說到他心裡。

不同的顧客，有不同的心理需求。例如，對年輕人來說，做生意要「爽快」；對中年人來說，最看重的是「誠信」；要迎合老年人，最重要的就是「周全」；要博得孩子歡心，就要講究

「逗樂」……只要你掌握客戶最敏感的那根心弦，稍稍一撥，對方就能輕易地被你牽著走。

但要特別注意的一點是，絕對別一口氣就說出產品或服務的全部優點，那樣容易讓你自己陷入被動。而你要做的只是根據客戶的不同需求，做出必要的解釋和補充，消除或減輕他們的疑慮，繼而說服他們購買。

當然，你也必須能自圓其說，否則別人肯定會認為你是為了銷售產品在說假話。圓融一點，就能贏得更多的商機。那些能言善變、機敏靈活的人在面對各種狀況之前總是能保持冷靜的姿態；而那些羞怯拘謹、老實的人雖然誠實，但卻常常弄得自己與客戶都尷尬了起來。

有時生意談不談得好，只是說法不同而已，變通一下，就能立即開闢出另一番天地。

當然，隨機應變並不是說你就得犧牲誠實正直的個性。你所要尋求的是雙方都認同的部分，而不是分歧點所在，只有這樣你才能得到客戶的信賴，同時他們還會覺得你「善解人意」、很有親切感。

記住，「同一件商品，在一百個客戶眼中就會有一百件商品。」而你要做的不只是說服他們認同你眼中的商品，而是將這一件商品變成對方眼中獨有的一件。

Story 43

十二張廣告信函的問候

喬·吉拉德（Joe Girard）是世界上最有名的銷售專家，他被譽為「世界最偉大的業務員」。在銷售史上，他獨創了一個高明的成交法，廣為人知，且使同行都爭相模仿。

這是什麼呢？喬·吉拉德創造的是一種有節奏、有頻率的「放長線釣大魚」的促成法。

又該怎麼說呢？他認為，所有認識的人都是自己的潛在客戶。而對於這些潛在客戶，他每年都會寄出十二封廣告信函，每次都會以不同的顏色和形式投遞，但在信封上不使用與自己職業相關的名稱。

例如：一月份時，他的信函會是一幅精美的喜慶氣氛圖案，同時配以幾個祝福的大字，下面是一個簡單的署名：「雪佛蘭轎車，喬·吉拉德」。此外，沒有多餘的話語。

二月份時，信函上寫的是：「請享受浪漫的情人節！」屬名仍是簡短的簽名。

三月份時，信中寫的是：「祝你聖巴特利庫節快樂！」聖巴特萊庫節是愛爾蘭人的節日。

也許客戶中有人是波蘭人或捷克人，但這無關緊要，關鍵是他不忘向客戶表示祝福。

然後是四月、五月、六月……不要小看這幾封信，以為它們所發揮的作用並不大。因為會有不少人一到了節日，就會問太太：「今天有沒有信？」、「有，喬·吉拉德又寄來了一張卡片！」

就這樣，喬·吉拉德每年都有十二次的機會使自己的名字在愉悅的氣氛中來到每一個家庭。他從沒說任何一句：「請你們跟我買車」，但正是這種「不說之語」，「不談推銷的推銷」，反而給人們留下了最深刻、最溫暖的印象，等他們自己或者親戚想買汽車的時候，這時候往往第一個想到的人必定就是「喬·吉拉德」。

商業與人情味必須保持必要的關係，因為商業排斥人情味，但同時卻又需要人情味，而自吹自擂式的銷售方式，並不是最高明的行銷模式。

喬·吉拉德的這種推銷方式，或許較無法收到立竿見影的效果，但卻不失為一個好的行銷策略。為什麼呢？因為他只需要當你或你周遭的親朋好友想買車時，會想起他（喬·吉拉德）就夠了。

Tips 行銷小提點

你的熱情是最有效的推銷

行銷人必須學習「熱誠」的重要，必須自己先能接受產品，才有辦法推銷給別人。你必須深信這個好產品是人們所需要的東西，而且價格合理，用你的「熱誠」去感染人們，讓大眾喜歡你的產品或服務。

美國文學家愛默生（Ralph Waldo Emerson）說：「缺乏熱

誠，無以成大事。」鋼鐵大王卡內基（Andrew Carnegie）也深諳此道。他以年薪一百萬美元聘請查爾斯．史查渥伯經營他的鋼鐵廠，因為史查渥伯能夠鼓舞員工的熱誠。史查渥伯說：「一個人有無限的熱誠，幾乎什麼都能做到。」

「熱誠」可以經由後天的學習而得到。我們大多有天生的膽怯，必須加以克服，才能成功銷售。你可以試試用「控制聲音」的方法克服恐懼感，這同時也是培養「熱誠」的關鍵。

當你用熱誠的聲調說話時，絕對不會有一個客戶會發現你在流汗、顫抖。筆者歸納出了下列五項準則：

❶ 大聲說話：

讓別人聽清楚，覺得你是一個充滿自信的人。

❷ 加快說話的速度，專注於你的主題：

保持和對方目光的接觸，使你更有信心，思緒更有條理。

❸ 停頓及加強語氣：

在標點符號處略作停頓，強調重要的話。

❹ 聲音保持微笑：

含糊不清或不友善的語氣，將會扼殺熱誠，時常微笑，可以保持愉快的心情。

❺ 抑揚頓挫：

平板的聲調使人厭煩，偶爾降低音量，使對方必須專注地聽你說。在幾個重要的字眼上，突然提高音量，再恢復正常的說話速度。

你可以對所做的每一件事都懷抱熱誠。與人握手時，滿懷熱誠；打電話時，用愉快的心情將活力傳達給對方，這些事都不難，端看你是否有心去做。

Story 44

只有一家餐廳的美食街

有一間房地產公司，他們擁有半條街的一樓店面式的房屋。

這條街的附近是一個規模蠻大的住宅區，然而公司由於近幾年來大環境不景氣，只好撤了店面，將空屋對外出租。

有一對夫婦，率先在這裡租屋，開了一家賣牛肉麵的風味小館，生意特別的好。於是接著，賣麻辣燙的，賣義大利麵的、滷肉飯的……各式各樣的小吃攤和餐館都聚集到這條街上了。

一下子，這條街上人聲鼎沸，很快便成了一條遠近馳名的美食街，還有外地觀光客特地來光顧。

看到房客們的生意這麼好，出租房屋的房地產公司眼紅起來，便故意調整租金，高額的租金使得經營餐館的店家們放棄在這裡做生意，於是房地產公司收回了全部的房屋，趕走了所有在此經營各種小吃的人，自己搖身一變，也開始經營起餐廳了。

但萬萬沒有料到，僅僅一個月的時間，這條街又開始冷清起來，生意也出奇的差。

經理百思不得其解，便詢問一位市場研究專家。專家聽了，只是微微一笑，問經理道：「如果你要吃飯，會到一條只有一家餐廳的小吃街上去？還是會到一條有幾十家餐廳的小吃街上去呢？」

經理說：「當然是餐廳多、選擇多的地方啊！」

專家聽了，笑著說：「那麼，你的公司壟斷了那條街的小吃生意，這跟一條街上只有一家餐廳又有什麼不一樣呢？」

經理立刻明白，回去之後，他回報上層，將自己公司的餐館維持原樣，但是卻將大部分的空屋再次對外出租。於是，這條街的生意又恢復了往昔的人潮。

靠大市場才能賺錢，遠離了大市場，就等於遠離了賺錢的可能性，這就是聚集經濟的行銷效益，這是每一個成熟的商人都明白的經營之道。

更有專家給了如此忠告：「不要期望壟斷性的獨門獨店生意能賺到錢。想要賺錢就必須把自己融入市場，因為每一個消費者都具有獨立的選擇權利與不同喜好。」

因此，行銷不能遠離市場，不能總想著將對手全部消滅，這樣的做法是不可能獲得永遠勝利的，雙贏，才是真正的勝利。

Tips 行銷小提點

做生意必須善用迂迴之術

生意場上，客戶和商家、商家和商家之間難免會因各自的利益而發生爭執、糾紛、誤會，甚至更嚴重的結果。

年輕氣盛的人難免衝動，喜歡爭得口頭的勝利。若是自己理虧，吃了虧，就一定會爭強好勝，極力在口頭上和表面上將損失彌補回來，求得心理平衡；若是自己有理，那就更不得了，一定要據理力爭，得理不饒人，得利還要辯三分，不把別人整得心服口服是不會罷休的。

如此直接而激烈的辯論，雖然不必花費心思，字斟句酌，並且省事省時，也未嘗不可作為一種方法，但是，筆者認為，這就是年輕人不會做「乖人」之處了。

你還不太懂得說話的技巧，尤其不懂得一個商人處理生意糾紛的技巧。做生意不能傷了和氣，和你利益無關的，不用太在意，甚至可以放棄自己的立場，不要爭一時之長短。

簡單一點說，不要和別人爭論是白貓，還是黑貓，只要別人認同這隻貓可以捉到老鼠，生意就成交了。

讓生意曲徑通幽，需要善用「迂迴之術」。這時，你得注意用詞，不指桑罵槐，不話中含刺。心存偏見，先入為主，最是要不得；開門見山，單刀直入，是一大忌。

最好的辦法是，三思而後言，心態平和；別人激動，你不妨溫和；對方罵聲隆隆，你最好沉默無聲；別人一言九「頂」，你不妨以一「擋」十。一個無傷大雅的小錯誤，如果你能先承認了自己有錯，對方的難堪也就隨之解除，火藥味自然也就淡化了。

生意追求「和」與「諧」，「曲徑通幽」是一個很高的境界，需要你好好修煉。

Story 45

不貴，不貴，我願意買

糸山英太郎（Itoyama Eitarou）是日本有名的富豪，他想蓋一座高爾夫球場。經過仔細斟酌，終於選中了一塊地，這塊地按市價值兩億日圓，但由於競爭者很多，相互出價，於是價格也就被抬高了不少。

後來，糸山英太郎想出了「欲擒故縱」的計策，目的是想以合理價格買到這塊地。於是，他找到了地主的經紀人，表明自己想買這塊地的意願。

經紀人知道糸山英太郎是個富豪，便想趁機敲他一筆，說：「這塊地的優越性是沒什麼好說的，建造高爾夫球場，保證賺錢。要買的人很多，如果糸山先生肯出五億日圓的話，我們將優先考慮。」

「五億日圓嗎？」糸山表現出對地價行情一無所知的樣子，「不貴，不貴，我願意買。」

經紀人喜出望外地將糸山的回答向地主報告，地主也大喜過望，他們都覺得五億日圓的價格已高得過頭了，因此回絕了別的競價者。所有想買這塊地的人聽說自己的競爭對手是大富豪糸山英太郎也都迅速放棄了。

可是糸山之後卻再也沒有聯絡這個地產經紀人了，地主的經紀人雖然多次找上門來，糸山不是避而不見，就是推三阻四，說買地之事需要好好考慮。

但這可為難了經紀人，他便再三地說服糸山，希望他將買地之事趕快確定下來。

但是系山還是不予理睬，直到最後才說：「地我當然是要買的，不過價錢呢？」

「你不是答應過出價五億日圓的嗎？」經紀人趕緊提醒他。

「這是你開的價錢，事實上地價最多只值兩億日圓。你難道沒聽我說『不貴，不貴』的諷刺意思嗎？你怎麼把一句玩笑話當真了呢？」

經紀人這才發現中了系山的圈套，就和盤托出地說：「地價確實只值兩億日圓，系山先生，還是您就照這個數目付款如何？」

系山答道：「有趣，如果要照這個價格付款，我就不需要想那麼多了。」

經紀人被逼得真是進退兩難，由於其他人已退出競爭，如果系山不買就沒有買家了，最後經紀人只好與地主相談，最後以一億五千萬日圓成交。

系山確實相當聰明，利用經紀人好勝貪心的心理大做文章。對於一塊只值兩億日圓的土地，對方出了五億日圓，這當然可說是天價了，經紀人和地主也因即將到手的意外收入而狂喜。但俗話說得好，「樂極生悲」啊！

他們忘了最重要的一點，這五億日圓的生意僅是口頭上的承諾，因而這五億日圓的口頭承諾，對系山來說絲毫沒有影響。

然而經紀人卻因有人能出五億日圓，而拒絕了其他的競爭者，因此，形勢變成對系山是極為有利的，購買者只有系山一人，他大可按自己的價格來說價了。

經紀人此時才明白，這一句話背後隱藏著一個巨大的陰謀，但等他發現時，事情已經太遲了。這塊地連應值的兩億日圓都沒賺到，反而還讓價了五千萬日圓，真所謂是「到手的鴨子飛了。」

商業競爭從某種意義上可分為三大類：一是買方之間的競爭、二是賣方之間的競爭，三是雙方與賣方之間的競爭。

在買方與賣方之間的競爭中，一方如果能先擊敗同類競爭對手，就會獲得主導地位。

當對方覺得沒有什麼要求時，就會委屈求全，這是一種在多角洽談中競爭的策略。而這種策略在各類商務談判中經常被使用，非常有效。

Tips 行銷小提點

想拿訂單，先贏人心

簡單地說，懂得贏得人心，就是掌握了賺錢的技巧。贏得了多少消費者的心，你就占領了多大的市場，就會賺取多少的利益。

你可以急大家之所需，為客戶「雪中送炭」。

例如，在傳染病、新冠肺炎流行的時候，一個社區的藥局設法運回大量口罩、藥品和體溫計，方便需要的人購買，而且也沒有趁機抬高價錢。從此以後，這家藥局得到了人們的信任，利潤也隨之增加了不少。

與之相似的是，你也可以在客戶喜慶的時候，為他們「錦上添花」。如此充滿人情味的舉動，會讓別人心生感動，留下深刻的印象，很有可能就因此多了一位老主顧。

如果你經營的是一家飯店，當你得知客人適逢過生日，為何不依照習俗免費贈送一個小蛋糕呢？這樣，客人感受到了你的溫情，以後還能不常來嗎？

以上種種只是賺取人心的方法之一，由一生百端看在你。

當然，抓住消費者的心沒有這麼簡單，還需要你在實踐過程中仔細摸索，要能舉一反三，活學活用。相信只要掌握了這一點，日後肯定能牢牢抓住你的「老客戶」。

Story 46

賣布商人賣藥給吳王

古時候，宋國有一族人善於製造一種藥粉，這種藥粉冬天擦在皮膚上，可使皮膚不乾裂，不生凍瘡。該族族人就是靠這個秘方存了一些錢，後來做起了漂染布匹的生意，日子倒也過得自在快樂。

後來，有個賣布的商人知道了這件事，就出重金買下了這個秘方。

當時吳、越兩國是世仇，兩方不斷地出兵打仗。這個商人便將此秘方獻給了吳王，並說明在軍事上的用途。

吳王得此秘方後大喜，便在冬天發動水戰。正因吳軍士兵個個都塗了藥粉，不生凍瘡，戰鬥力極強；而越國士兵倉促應戰，加上大部分的士兵都患了凍瘡，苦不堪言，大敗而歸。

此戰大勝之後，吳王重賞呈獻秘方的商人一塊土地，此商人從此之後大富大貴，再也不用靠賣布維生了。

對善於思考的行銷人來說，行銷的成功法則就是選擇合適的行銷對象，推銷他們目前最需要的產品。

賣布的商人在偶然中得到這個機會，並設法利用這個有利的條件極力向吳王推銷，再延伸產品的用途，使吳國將此秘方用於軍事上，大敗世仇越國。賣布商人也因此獲得了大筆的財富與名聲。

但是，如果賣布商人沒有將這個秘方獻給吳王，而是自己兜售此藥品，他或許還是能賺得許多錢，但此秘方的功能與價值就不會變得那麼大、那麼多了！這也就是一般人與商人思維不同的最大關鍵！

Tips 行銷小提點

經營各種層級的人脈網

細心觀察那些成功的商人，你會驚奇地發現，他們不僅是賺錢的高手，更是人際關係的藝術家，沒有誰不具備優良的社交能力。

對一般人來說，「人際關係」意味著生活的和諧與心情的舒暢，但是這對商人卻有著更為特殊的意義，因為那是他們成功的重要因素。

❶ 可以網羅商機：

你的某位朋友會在適當時機，把適合你發展最新的重要資訊告訴你。你可以據此調整經營策略和方式，搶先占領市場，這是你怎麼辛苦努力也得不到的機會啊！

❷ 可以獲得實惠：

商人之間的關係，大多由業務發展而來。在相互交流的過程中，雙方不僅會在利益上互相依存，還會在感情上互相信任。

所謂「互惠互利」，對方為了實現自己的利益，勢必會分給你一點實惠，沒有人願意無條件地把利益送給不相干的人。

❸ 無處不在的支援和方便：

在外，有業務夥伴的幫助；在公司，有同事的幫助、員工的支持、上司的信任；在家，有親朋好友的鼓勵和安慰。廣泛的關係網會讓你受益無窮，得到全力的支持。聰明的商人善於「籠絡」人心，在處理好外部關係的同時，還不忘鞏固「後院」。

「行銷」是「一切」，「一切」靠「人脈」，利用「五同」來找關係，所謂「五同」指的是：同學、同好、同鄉、同事、同胞。也就是說，沒關係，就找關係；找不到關係，就想辦法發生關係，但是終極目標是建立長期忠誠的夥伴關係。

有了關係，生意就會靈活、方便，各個環節暢通無阻，才能帶給你機會、利益和幫助。雖然它不是金錢，卻勝似金錢；不是資產，卻形同資產，好好記住。

Story 47

徵求像小說女主角的女性當妻子

英國小說家毛姆（William Somerset Maugham）剛出道發表作品之後，仍然一直過著貧困的日子。然而在窮得走投無路時，他卻用了一個富有創意的點子，使得自己順利地扭轉了劣勢。

毛姆在尚未成名之前，他的小說乏人問津，即使出版社用盡全力來宣傳，情況依然沒有改善。眼看自己的日子過得越來越拮据，情急之下他突發奇想，他用剩下的一點錢，在報紙上登了一個醒目的徵婚啟事：

「本人是一個年輕有為的百萬富翁，喜好音樂和運動。現徵求和毛姆小說中女主角一樣的女性共結連理。」

廣告一登出，書店裡的毛姆小說很快就被一掃而空。一時之間，洛陽紙貴，從紙廠、印刷廠、到裝訂廠都必須連夜加班，才能應付這突如其來的銷售熱潮。

原來，看到這個徵婚啟事的未婚女性，無論是不是真的有意和富翁結婚，也都會好奇地想知道女主角到底是什麼模樣；而許多男性也想瞭解一下，到底是什麼樣的女子能讓這名富翁這麼著迷，甚至要防範自己的女朋友也跑去應徵。

自此之後，毛姆的名氣大增，書籍的銷售量也一直居高不下。

這是一個成功推銷的例子。主要是廣告宣傳做得高明，徹底激發了大眾的好奇心。在行銷過程中使用一些奇招，往往可以收到出乎意料的效果。

像是幾年前著名的大樂透廣告台詞——「曉玲，嫁給我吧！」其行銷的操作手法就和毛姆很類似，而當年這個廣告在推出時，也製造了不少新聞話題。

Tips 行銷小提點

廣告費不要多，只要創意

「廣告」，顧名思義即是廣而告之，而且是廣泛地告之。在生活中舉凡看到的、聽到的廣告無所不在，以各式各樣的方式呈現，從海報、傳單、報紙、廣播到電視，充斥在我們的生活中，而如何讓人留下深刻的印象，則成為廣告的重點所在。

資訊及科技不斷進步的時代，廣告當然也跟著不斷進步。隨著時代潮流的變化，廣告也要不斷地創新，不論是從內容、方法或是所運用的媒體上都要創新，所以才會出現許多另類廣告、意識廣告、電子看板廣告和網路廣告。

現在廣告的重點要創新、要環保、要能刺激消費者的需求，進而引發購買的行動，如此才能達到廣告的目的。

「廣告」的定義很多，最常用的是由美國市場行銷協會所定義的：「廣告是由一個廣告主（做廣告的人），在付費的條件下，對一項產品、一個觀念或一項服務（指商品）所進行傳播的活動。

例如「可口可樂公司」為了推銷可口可樂該項產品所做的廣告。廣告的廣告主通常不是一個人，而是一個機構，所進行的傳播活動是針對一群特定的、但不很明確的大眾（消費者），因此，大致可將「廣告」區分為以下幾個特點：

❶「廣告」是一種傳播工具：

是將一項商品的資訊，由負責生產或提供這項商品的機關傳遞給一群消費者，此種將訊息傳遞給一大群人的傳播方式，通稱為「大眾傳播」。

例如：各大百貨公司的廣告看板，藉由看板將廣告資訊傳達給每位消費者。若由一個業務員面對面地向一位客戶傳遞資訊則是「個人傳播」，二者是不同的。

❷「廣告」不同於公眾宣傳：

廣告主要是付錢進行資訊傳播活動的，它與另一種大眾傳播方式「公眾宣傳」不同。「公眾宣傳」通常指媒體機構（例如報紙或電視臺等），自動為某項商品免費宣傳。

會選擇此方式的媒體機構，通常是因有關這項商品的資訊有其新聞價值，可吸引許多的讀者、觀眾或聽眾。但此種方式的傳播，對廣告主是不可靠的，不能預先計畫的。

例如「董氏基金會」的禁菸宣傳，用知名藝人的號召力來促使大眾信服而實行。但是「廣告」則不然，它可以有目標、有計畫地控制和支配傳播活動。

❸「廣告」所進行的傳播活動是帶有說服力的：

「說服性」的傳播目的，不僅將資訊傳遞出去並被接收，其最終目的是要讓資訊接收人接受所傳達的資訊內容，促使資訊接收人去做某些資訊中要求他們去做的活動。例如「白鴿」廣告，運用邱彰博士專業知識的說服力，促使消費者瞭解、信任該項產品的功效，進而去購買。所以由此可知，「廣告」運用了許多不同策略，讓資訊接收者接受即為說服廣告。

❹ 廣告所進行的傳播活動是有目標、有計畫且連續性的：

由於「廣告」為說服性的傳播，而說服性本身必須經過較長時間的培養及反覆推敲，因此要使「廣告」發揮其功效，必須經過較長時間、有目標、有計畫地做一連串的傳播活動。它必須是按部就班、逐步進行、連續性的說服活動。

「廣告」是一系列有目標、有系統的大眾傳播活動。縱使廣告的功能繁多，但它卻容易給人虛偽誇大、不切實際的感覺。當「廣告」內容與商品內容不符時，會對消費者造成傷害，進而使消費者對該廣告產生反感。

例如消基會檢舉第四臺某些瘦身廣告，因其不切實際、誇大而造成消費者的傷害。因此，一個好的廣告，該怎麼做才能使該產品達到成功行銷的目標，是我們做廣告所需考慮的。

「好酒也怕巷子深」，每個行業的產品都在日趨豐富，客戶會選擇哪個種類，哪個品牌，在很大程度上取決於對商家的印象。這就意味著商家要主動出去把自己的「好酒」展現在別人面前，而不能等著別人循著香味摸索到深巷子裡來，這樣才能贏得更多的顧客，占有更大的市場。

再看看那些國際知名品牌，美國的「可口可樂」和「福特」、日本的「松下」和「Sony」，儘管這些產品的品質和售後服務都是遙遙領先，但是產品廣告和品牌宣傳仍是不可或缺的。

有的人說，「廣告」是知名大企業的「法寶」。我現在規模不大，不值得花那個錢去做廣告宣傳，再說廣告費用也不少。

但正確的觀念其實是，小企業和小公司更不能忽視廣告和宣傳的作用。

你的投入會帶來大的回報。也許現在「四兩黃金」對你來說是一大塊心頭肉，但是「千斤黃金」會是你最終的收益。花一筆錢就能提高企業和公司的知名度，就能產生高效益，又有什麼好不划算的呢？

事實上，你的廣告費用不必很大，大的廣告費未必能獲得大的成功，而小的廣告費只要創意十足，就能產生好的效果。

經典行銷：是淘金還是賣水好？

「塞翁失馬，焉知非福。」世界上任何危機都蘊涵著商機，且危機越大，商機就越大，這是一條不破的商業真理。

這是發生在美國西進時的一個故事。

聽說美國西部發現了黃金，許多夢想發財的人紛紛前去那裡淘金，威廉也是其中之一，他隨著挖寶隊伍來到了荒涼的西部。

淘金是一個美麗的夢，也是一個絕佳的發財機會，所以每個人都義無反顧地投身其中。然而西部氣候乾燥，水源奇缺，生活非常艱難，連喝水也是一件困難的事情。

威廉心想：「淘金雖然十分誘人，但希望太渺茫，還不如現實一點，在這裡賣水吧！」

於是，威廉毅然決然放棄了淘金，反而費了很大的功夫在遠處打了一口井，並把井水經過過濾處理，裝進瓶裡載到淘金處去賣。由於方圓幾十里都沒有供打水的地方，因此威廉的水很受到淘金者的歡迎。

然而也有人嘲笑他，說他胸無大志，本來是到這裡來淘金發大財的，現在卻做起這種不起眼的生意來。這種小生意哪兒都能做，何必跑到這裡來？

但威廉毫不介意，繼續賣他的水。在賣水的同時，他又發現，淘金者的工具損壞得很快，而他們又急於淘金，不可能跑到幾百里以外去購買工具，所以他又專程到幾百里以外的城鎮載回一車工具來。

就這樣，他每次賣水時就會順便統計有誰需要工具，之後再送過來。由於沒有別的人賣水和工具，所以威廉是大家唯一的供貨者，雖然價格有點貴，但銷售量還是很好，錢財滾滾流進威廉的荷包。

最後，有確切的消息證實，黃金只是一個謠傳，其實根本沒有什麼黃金可挖，結果大家都空手而歸。只有威廉在很短的時間裡，靠著不起眼的小生意賺了一筆非常可觀的財富。那群淘金工人想破腦袋，也不知道這個窮小子發達的原因，原來一頓牢騷之中竟也蘊藏著致富的黃金。

善於從別人的話外之音，提取有用的資訊也能開闢出新市場，從這一點來說，資訊等於財富。而我們說「發現市場、進入市場、培養市場」這是行銷者的三個境界，當然，這個過程是逐步實現的。

故事裡，威廉的實際行為給我們提供了一個很成功的範本。他首先發現了水和工具是兩個可以賺錢的市場，接下來他卻很勇敢地進入這個市場、經營這個市場，正因為沒人敢做、也沒人想做，所以甚至連一個和他競爭的人都沒有，因此有膽識、有慧眼的威廉不僅獨占了這個市場，也能從市場中獲利許多。

在眾多資訊裡找商機

現代社會已經捲入了資訊的潮流中，例如滔滔洪水般的網路資料、媒體、文字等等，它並不只是單純地出現於電腦螢幕上和報紙的經濟專欄與電視廣播的聲音裡，有的暗藏在一個事件中，有的存在於抽象的市場規律中。資訊的產生和繁衍並沒有固定的形式和載體。

對現代商人來說，資訊越來越重要。資訊在一定程度上，就是知識。在紛繁複雜的資訊流中，誰要是敏銳地獲取了有利的資訊，誰就占盡了先機，可以大撈一筆；反之，資訊閉塞，對市場行情缺乏瞭解，就只能眼巴巴地看著別人發達。

資訊滯後或者缺乏，都會造成投資和時間浪費。例如一個出版商自認為一個企劃選題很新穎，於是花費時間和精力去出版，可是圖書卻一直賣不出去，原來這方面的圖書在市場上早就氾濫了。類似的例子要多少有多少，別人的研究成果早就公布了，資訊不靈通的人，可能會花費畢生的心血潛心摸索。

正因為上述這些原因，許多精明的生意人都留意資訊的變化，利用網路、報紙和電視等媒體有目的性地進行市場調查，廣泛地收集有用的資訊。善於捕捉資訊的人，總是能意識到某個資訊在特殊時間地點的重要作用。

依靠資訊，投資會更安全、生產更得心應手、銷路更廣闊、成本會更低，而且在資訊的衍生中，還會產生新的機會和財富。

你有從小人物變大人物的本事嗎？

如果你一時失業，只能找到下列臨時的工作，那麼你會選擇哪一種？

A. 賣玉蘭花。

B. 撿破爛。

C. 倒垃圾。

選擇A

選「賣玉蘭花」的朋友走一步一腳印的路線，你會努力地把夢想實現，等待機會變成大人物。這類型的人非常地腳踏實地，有自己的夢想，不過他的夢想對他而言並不遙遠，他會訓練自己增強自己的專業，總有一天機會來臨時，就能做好準備出人頭地。

選擇B

選「撿破爛」的朋友太安於現狀，而且不愛出風頭的你，現在只能算是個平凡小人物，想當大人物還得再多加把勁。這類型的人不喜歡強出頭，覺得平淡過生活就好，悠閒過日子，當小人物也是一種自在的樂趣，因此不太可能當上大人物。

➔ 選擇C

選「倒垃圾」的朋友一心想成為大人物，你會隨時讓自己保持最佳狀態並主動去創造機會，你絕對有成為大人物的本事。這類型的人非常有企圖心，而且冒險心十足，而且只要一有機會就會極力去爭取，同時還會自己創造很多機會讓自己展現最好的一面。

異軍突起的
行銷案例

Stories For Enhancing
THE MARKETING ABILITY.

Story 49

假日冷清的百貨公司

一九五七年，威廉·巴藤正擔任貝尼百貨公司（Benioff）的總經理特助一職。

某個星期天，他路過了公司旗下的一家百貨公司，發現自己竟然可以在裡面悠然地邁大步伐走。每到週末假日，一般的店家無不人滿為患，像貝尼這種大眾化的商場，更是應該擁擠不堪才對的，但是他在這家百貨公司裡卻只看到人煙寥寥無幾的景象。

巴藤不斷思考其中的問題所在，最後他終於發現了問題點。那就是貝尼百貨的顧客之中，絕大多數都是育有孩子的家庭主婦們，而年輕的顧客卻寥寥無幾。

如果商店裡的年輕顧客較多，那麼從擁擠之中，顧客便可以感受到一股特別的「活力」。現在，由於年輕顧客較少，百貨公司就難免給人冷冷清清的感覺。

巴藤分析其中的最大問題就是，他認為貝尼百貨公司缺乏年輕一代喜歡的賣點，無法激起年輕人的購買欲望；而年輕一代之所以望而卻步，根本原因當然是商品的流行感不足，新潮商品太少。這樣下去，百貨公司的經營要如何能繼續下去呢？

於是，巴藤痛下決心，要將貝尼百貨的經營政策做個徹底改革。

到了一九六三年，巴藤創辦了一家包羅萬象的百貨公司，裡面的商品包括了流行服飾、家庭電器、家具、化妝品，還有美容院、餐廳、電影院等等，吸引了各階層的顧客，特別是消費力極為旺盛的年輕世代。

就這樣，巴藤恪守以年輕一代為對象的經營理念，將貝尼公司的代表性商品放在「美麗」、「新潮」和「流行」上，貝尼百貨公司在他的領導之下，眾多的連鎖店遍及全美各地，創造了輝煌的業績。

從某種意義上來說，推銷商品的關鍵在於是否能抓住年輕人的需求，因為年輕人的市場是相當大的，他們有著很大的消費潛力，其消費量也是相當可觀的。

而我們應時時注意自己的產品是否合乎最新潮流，並適時地加以調整，以符合目標年齡層的需求，如此一來，做出有效又成功的行銷，便能締造佳績。

Tips 行銷小提點

哪些是品牌塑造時的盲點？

❶「品牌跟時間無關」：

許多行銷人員往往認為，建立一個全國性的品牌要花很長時間，大多數情況是需要很多年。但是，時間真的那麼重要嗎？優秀的現代行銷人員對此提出了質疑。

他們發現，在「寶僑」（P&G）的產品中，象牙牌香皂有一百五十年的歷史，「汰漬」是五十年歷史，「佳潔士」是四十年歷史。然而「蘋果電腦」的歷史只不過才二十年多一點，在品牌的時間長河中，它只不過是一個小孩子，但是它卻有一大群狂熱的「粉絲」。

史蒂夫．賈伯斯（Steve Jobs）及「蘋果電腦」做過最重要的事情，是在「蘋果」成立的最初幾年所完成的壯舉：那是一九八四年，他們推出了「麥金塔」電腦。「美國線上」在美國家庭的知名度高達百分之八十，但它還是一家非常年輕的公司。「雅虎」也是一樣。

儘管這些公司歷史不長，但是生命力旺盛，也非常成功。它們的品牌在短短數年中建立起來。而「亞馬遜」網路書店幾乎是一夕成名的。

隨著最新通訊技術的誕生和發展，現在要想向全世界散播某條消息，變得快速無比，你甚至可以在一天之內做到這件事。

「品牌」的建立的確需要時間，但是對高科技企業現代優秀的行銷人員來說，所需時間是以「秒」為計算單位的。

❷「所有的人事物都在改變」：

許多年來，人們對品牌存在這樣的認識，品牌的目標消費者往往被描述成：「二十一至三十四歲之間的女性，有一個或一個以上孩子，家庭年平均收入二萬五千美元。」這種方法顯示出，雖然某些人的生活模式是相似的，但是每個人卻各自不同。

儘管到今天，那些類似「二十一至三十四歲之間的女性」這樣的描述仍被廣泛地使用。但是，當人們對消費者瞭解的要求變高之後，這個描述就不再有用了。

今天，情況發生了極大的變化。事物發展的速度加快，資訊被大量提供，同時資訊的發布也採取了新的方式，組織共同合作的方式也發生了變化，這一切要求我們在建立品牌的過程中，必須讓資金合作者認識到這是一個不同的品牌。

今天的「品牌」，生存在一個複雜、不穩定的環境之中。在這樣的環境中，生產商、經銷商、顧客、合作者、員工、投資者任何一方的力量都不可忽略。以前那個「一個品牌、一個對象」的簡單結構已經不復存在。現在的市場環境是不斷變化的、是有柔性的，有時一個品牌甚至會以多重身分同時存在。

在這個環境中，「品牌」必須很廣泛，可以接觸到所有的目標消費者；「品牌」必須很簡單，可以讓所有人都明白；「品牌」必須很有內涵，可以向縱深發展；「品牌」還必須很特別，充滿個性化色彩。

❸「千萬別本末倒置」：

曾經，在行銷領域占主導地位的看法，認為和消費者建立聯繫的樞紐是「產品本身」，而非生產產品的公司。所以理所當然地，人們會認為在消費者心中，「寶僑」不是一個重要的品牌，而「汰漬」的「洗滌劑」和「佳潔士」的「牙膏」才是消費者心中重要的品牌。

但是，現代的行銷人員發現，不能再按照這種方式運作了。產品的生命週期越來越短，本來一個產品可以流行九個月，現在居然開始減少到向六個月的大關邁進。因此，如果只是為產品本身塑造品牌形象，龐大的花費起不了太大的效果，同時這個做法非常不經濟。

現在，品牌建立的時間週期非常短，同時費用也相對減少。在這種情況下，生產商對於品牌的要求也提高了。他們希望品牌可以涵蓋產品未來的發展趨勢，或者具有向其他方向轉移的潛力。

現代的行銷人員已經發現了一條認識品牌的新方式，他們不再為某個可能會消失的產品塑造品牌，而是為整個公司塑造品牌。這樣一來，品牌的壽命可以無限延長，同時公司未來延伸的產品，都可以在這個品牌下盡情表演。

建立品牌很重要的一點是，要學會超越單一的產品本身，因為產品也許會很快發生改變。我們應該認真考慮，什麼才是品牌的深層核心？什麼是品牌不會更改的最基礎元素？

❹「品牌不是只由品牌經理決定」：

的確，品牌經理可以決定「品牌」的承諾，決定「品牌」的特點和個性。除此之外，他們還可以決定什麼是最合適的定價、最完美的分銷方式，以及產品的投入量。

此外，品牌經理的職責還包括，指引廣告公司創作出最能打動目標消費者的廣告，他們還要負責起草和實施進入新市場的計畫。這些都是一個傳統意義上，受過良好訓練的品牌經理的職責。

但是現在我們發現，世界已經發生了巨大的變化。「品牌」的生存環境也變得無序且複雜。市場已變得顛三倒四、枝節叢生。現在的問題是，在這樣一個複雜的環境裡，我們該怎樣將自己的產品推廣出去？我們該如何面對新的現實？

市場上的全球化、合作和聯盟這些因素，令一個品牌經理的角色變得複雜，品牌經理需要面對的事情也就更多。一些有可能對品牌產生影響的因素會遠遠超出品牌經理的控制範圍。

「品牌」和消費者之間的關係不應只限於熟悉的程度，而必須是消費者的朋友。

為什麼？道理很簡單，如果「品牌」只是一個你可以辨認出的事物，那麼它就像一個人，你知道他的名字，但是和你的生活沒有太大關係。然而，如果一個品牌可以成為你的朋友，你可以容忍對方各種不完美的表現。他們有時會激怒你，但是你依然會當他們是朋友；他們有時會令你失望，但是你會原諒他們。因為你們是朋友。

「蘋果電腦」長期以來和消費者建立了良好的「朋友」關係。如果沒有這些牢固的關係，他們當年的高層頻繁變動，一定會讓「蘋果電腦」面臨重大的打擊。「蘋果電腦」一貫出色的品牌形象，使公司在經歷了人事頻繁變動後，仍有喘息的空間，然後再致力於開發一系列的新產品。

❺「品牌不只是市場行銷概念」：

只要談到「品牌」，就不可避免地會用到一些辭彙——「消費者認知」、「消費者使用態度」、「廣告和市場行銷活動」、「競爭地位」等等。所有的詞語彷彿只是和市場行銷有關，是一大堆的行銷概念。那些關注「品牌」的人，只是品牌經理或市場經理，或是公司的廣告部門、廣告公司等等。

而那些談論建立或延伸品牌的人，則一定是廣告公司的創意人員、廣告策略企劃、研究人員，或者是產品包裝形象標準的設計者。如果沿著這個邏輯思路，就可以理所當然地認為「品牌」是一個市場行銷概念。

但是，越來越多的優秀行銷人員意識到，「品牌」帶有豐富的金融涵義。可以這樣理解，一個強大「品牌」的最基本價值，體現在金融方面。

現在，「品牌價值」逐漸被視為資產負債表上的一個「單位」。事實上，現在英國的財務制度，允許將「品牌價值」列為資產的一部分。就像英國財務會計準則委員會的主席，在一九九〇年十一月的《管理會計》雜誌上發表的文章所談到的：「在財務報表上，應該將『品牌』當作一個單獨的資產看待，而不應將其視為信譽的一部分。」

現在你可以思考一個問題——如果把「可口可樂」分成兩個部分，其中一部分擁有「可口可樂」的全部硬體資產，包括所有的生產設備、所有的瓶子和汽車；而另一部分只有「可口可樂」的品牌名稱和標誌，以及「可口可樂」的產品配方，那麼，你覺得哪一部分更有價值呢？

Story 50

州長認為值得一讀的書

美國一個機靈的年輕人聽說出版商有大量堆積在倉庫裡的書，正苦於找不到銷路。他便到書店翻了翻書，覺得書的內容很好，於是便對出版商承諾，自己可以幫忙把書賣出去。

出版商正為了此批滯銷書大傷腦筋，便一口答應說：「如果書能賣出去，我們只拿回書的成本，其餘的利潤都歸你所有。」

於是年輕人帶著這本書，開始設法去見州長，並不斷要求州長給一句書評。

日理萬機的州長懶得和他囉嗦，想打發他儘快離開，就隨便說了一句：「這本書很值得一讀，我再仔細看看吧！」年輕人聽了如獲至寶，到處兜售此書，並打上：「州長認為值得一讀的書」的宣傳標語。很快地，書就銷售一空。

不久，年輕人又帶上兩本好看卻不好賣的書去見州長。州長拿起其中一本，在扉頁上寫下「最沒有價值的書」，以此奚落年輕人。

可是年輕人卻絲毫不以為意，仍然笑嘻嘻地遞上第二本書。州長看著他詭異的表情，於是什麼都沒有說，就把書放在一邊。

可是過了不久，年輕人很快地又大賺了一筆錢。

州長好奇地派人去打聽，原來這兩本書出售時分別打著「州長認為最沒有價值的書」和「州長難以下評語的書」來進行宣傳。

這位年輕人利用州長的名氣進行促銷活動，其手段可謂巧妙周到，既達到了賣書的目的，又讓州長無話可說。他利用人們對州長這位名人的神秘感和好奇心，圍繞眾人的情緒反應大作宣傳，增加了新書的影響力，使讀者趨之若鶩。

任何商家或者企業在沒有良好的聲譽和形象之前，要想取得良好的經營業績是非常困難的，而要等形成良好的產品形象，則往往需要幾年，甚至幾十年的時間。

因此，借名人來提升自己的聲譽，不失為剛起步創業不久的企業或商家的一種妙策。

在商品經濟的大潮中，市場上的競爭格外激烈，眾多的產品和資訊使人們眼花撩亂、無所適從。因此，許多消費者主要是靠「商品給自己的感覺」來判斷一個企業。

許多跨國公司的生意都是靠品牌、名氣、形象達成交易的，例如德國的照相機、瑞士的手錶、日本的電子產品和小汽車、法國的化妝品、美國的可口可樂、中國的茅台酒等等。

從年輕人的聰明才智中，我們可以發現，在行銷過程中只有想出新奇的創意才能搶下主導權，以智取勝。

但要注意先從消費者的心理入手、或滿足他們的需求、或投合他們的好奇心，突破道統理念和傳統思維，才能極力收到「一石激起千層浪」的效果。

對的文宣標語引爆商機

想讓消費者心甘情願掏出「銀子」來購買你的產品，這就是廣告的目的。那麼，事前的規劃與策略就顯得非常重要，在擬訂廣告策略時，應先執行下列幾點：

❶ 確認產品：

唯有充分且徹底地瞭解廣告產品或服務之特質，才能針對其特點做重點式的宣傳。

❷ 確認市場：

明確地指出產品銷售方向並表示在何種情況下，消費者會購買這樣的產品，以及主要購買者和使用者屬於哪種形態。

❸ 確認定位：

使產品或品牌能在消費者腦海中留下獨特且深刻的印象，在往後有需要便能立即想到此品牌，此即為廣告策略之精髓。

❹ 確認方法：

以此表現廣告策略訴求的方向、特色，以及所使用的技巧與方法。

❺ 確認目標：

使廣告策略與所設定的廣告目標產生直接關係。

在過去物資缺乏的時代，需求大於供給，所以只要商品一推出，立即能銷售一空。如今時代變遷迅速，和以往產品只要有個名稱，做個廣告就會十分暢銷的情形不同了。

現今不論是廣告的創意或技術，均有令人意想不到的發展，而且不再是只要做廣告就能賣出商品的時代了，而是進入消費者主權的時代。消費者憑著自己的需求與偏好，選擇適合的產品，依此情形，廣告策略的運用就變得非常重要了。

舉例來說，在美國鮭魚市場上，主要有紅鮭魚和粉紅鮭魚兩大品種，競爭十分激烈，多年來的勝負都在伯仲之間，銷售商在廣告詞中都信誓旦旦地說自己勝過對方一籌。但實際上，初期的贏家是銷售粉紅鮭魚的銷售商，無論是知名度、銷售額和利潤都要比對手來得高。

紅鮭魚的銷售商立即商討對策，總經理聲色俱厲地對推銷人員訓斥道：「給你們九十天時間，縮短這個差距，否則，我讓你們全身摔個粉紅。」

推銷人員苦苦思索，在罐頭上多設計了一條標籤。三個月後，紅鮭魚的銷售量大大回升了。總經理認為只是偶然現象，又過了三個月，銷售量仍然直線上升。

總經理十分高興，召見了全體推銷人員。員工向他彙報，全是那條標籤發揮的效果。原來，那條標籤上寫的是：「正宗挪威紅鮭魚，保證不會變成粉紅！」總經理拍案叫絕，重賞了他的部屬。

在這個成功的推銷事例中，推銷人員僅用了一句巧妙的廣告詞，不僅暗示自己的正宗，同時使用「保證」一詞，既使對方的信譽受到貶低，又使對方抓不到自己的把柄，因而毫不費事地重新贏得客戶的心。

而商戰的最高原則就是，既要旗幟鮮明地宣傳自己的產品，又不能明目張膽地損毀對方的聲譽。

Story 51

總統先生的休閒活動

一家自行車廠得知某外國總統與夫人將到本國訪問，其中讓他們欣喜不已的是，這位總統曾經在自己的國家擔任過駐外聯絡處的主任，而且他有一個廣為人知的興趣——喜歡騎著自行車在大街小巷閒逛。

這家自行車廠認為這是一個絕佳的大好機會，於是特地製造了兩輛色彩明亮、高等品質、款式新穎的自行車，透過外交部送給了這對外國的總統夫婦，以表示對他們到訪的熱情歡迎。

當這位總統一看到這用心的禮物時，不禁流露出喜悅的神情，隨即騎上單車，連連誇讚說：「很棒！很棒！我喜歡！謝謝你們！」

當然各大媒體的新聞記者們立即捕捉到這個獨特的畫面，隔天發佈在各大報的版面。而這家自行車廠開始聲名大噪，隨著媒體的報導聲名遠播，在國內外都掀起了一股爭相購買「某某總統」騎的那種自行車的風潮。

當天之後，該廠陸陸續續接到了許多來自國內外的訂單。更值得慶賀的是，這家自行車廠一戰成名，生意自此之後扶搖直上。

我們說經濟和政治是相互依存、難以分割的。這家自行車廠看準時機抓住了政治關係，當然也就抓住了商機。

如果你有心將生意做大、做強，就一定要學習從政治情勢中尋找商機與經營環境，如此才能適時抓住成功的機會。

許多精明的商家都會借助國家活動向國外佳賓贈送禮品，這就是一種行之有效的宣傳活動。

因為，國外佳賓使用的產品還有什麼可以懷疑的呢？想必就是一種品質保證！而且更有免費的新聞傳媒替你增加曝光度。這樣一番曝光之後，要你的產品不想出名都難！

真正有經驗的商人總是熱衷參加政府部門主辦的相關活動，無論是會議也好，聯誼活動也罷，他們將這些場合當成聽取領袖和專家建議的寶貴機會。

在和政府部門交流的過程中，他們會和相關人員建立良好關係，以便日後準確而及時地得到經濟政策的相關資訊。

從某種程度上來說，國家和政府也是一種優秀的「業務員」，高知名度的政府官員就是無可挑剔的廣告明星。

真正有經驗的企業家總是把握參加政府部門主辦的相關活動，以借助政治來推銷產品，揚名四方。

這樣不僅可以打開國際市場，而且還能擴大國內市場的規模，樹立在國外的形象，如此既增進了國際間的友誼，又宣傳和推銷了自己的產品。

巧用婚喪喜慶各種機會

婚喪喜慶對銷售活動而言，是一個大好的機會。特別是結婚典禮，如果你忽略了這個大好機會，你的銷售成績將減少兩成以上。

首先，結婚是人生另一個生活的開始，業務員應該先從一些家庭的生活用品著手。以書籍銷售為例，對新婚家庭而言，最實用的莫過於家庭百科全書，亦即家庭醫學百科、生兒育女百科、幼教百科，乃至於將來孩子出生後給他閱讀的兒童百科叢書。

其他如家電、家具、存款、保險等都可適用，像這樣以客戶新生活的開始來配合提供商品，是極容易銷售成功的。

其次是葬禮。葬禮亦是推銷產品的好地方。也許你會納悶，葬禮能夠推銷何種產品？其實很多方面都可以好好利用的，特別是針對一些銀行的業務員，因為葬禮結束後，隨即都會牽涉到有關葬禮的資金運用或存放奠儀的情形；或是遺產的分配，喪家都會考慮用到銀行存款，這時，他們不但是你最好的客戶，你也是幫助他們解決困難的幫手，何樂而不為呢？

婚喪喜慶是人生中的大事，每天、每一個家庭都有可能發生。

不論你所經手的商品是什麼，都一定要好好利用這些婚喪喜慶的活動。不過，值得注意的是，在商品銷售之前，要先廣泛收集資料、培養人際關係，只有這樣才能打出出奇制勝的一招。

Story 52

從美國紅回日本的京瓷

一九六二年，日本京瓷（Kyocera）的創辦人稻盛和夫隻身前往美國。此行的目的，並不是要開拓美國市場，而是為了打開本國市場。

三年前，稻盛和松風工業公司的一名職員共同創辦了日本京瓷（Kyocera），他們拚命工作，努力奔走推銷公司的產品，積極說服各廠商試用。但是，當時的美製品占有大半的日本市場，大型的電器公司只信任與使用美國的製品，根本不採用日本自家的廠商所生產的東西。

稻盛和夫想，既然日本市場猶如銅牆鐵壁般難以打入，不如來個出奇制勝，看能不能反敗為勝。

後來稻盛和夫所用的策略就是，使美國的電機工廠使用京瓷的產品，然後再回銷到日本，藉此引起日本廠商的注意，屆時再占領日本市場就容易多了。

然而由於美國廠商不同於日本，他們並不拘泥於傳統，不管賣方是誰，只要產品優良，禁得起測試，就會被採用。這給稻盛帶來了一線希望。

儘管如此，想在美國推銷產品，也不是一件容易的事。稻盛在美國近一個月的時間裡，所有的推銷行動全部吃了閉門羹。稻盛遭受到這樣的失敗之後，又氣又餒，決心再也不去美國。但是回國後發現除了這個方法之外，實在沒有別的辦法，他只好又返回美國。

終於皇天不負苦心人。稻盛從西海岸到東海岸，一家一家地拜訪，在拜訪數十家電機、電子製造廠商以後，碰到德州的中緬公司。該公司為了生產阿波羅火箭的電阻器，正在尋找耐高溫的材料。經過嚴格的測試後，京瓷公司的產品終於擊敗德國與美國許多知名大廠的製品，最終獲得採用。

這是一個極大的轉捩點。京瓷公司的產品獲得中緬公司的好評及採用後，許多美國的大廠也陸續與他們接觸。

稻盛終於如願以償，他先將產品輸出到美國，使產品成為美國的知名品牌，之後再回銷日本。

就這樣，京瓷公司終於以不放棄的一己之力打開了日本市場。

占領一個市場，先要瞭解這個市場的消費習慣。京瓷公司知道自己國家的公司不太信任自己的產品，只相信美國製品的品質。

於是，就採取先在美國獲得好評的策略，轉而再登陸日本本土市場。這是一個相當大膽、卻也相當出色的行銷模式，最後的結果可知，京瓷公司當然獲得了絕大的成功。

我們可以運用這種策略，調查清楚自己想占領的市場，先將自己的產品推銷出去，再回銷國內，這種「外貿轉內銷」的策略也是一大好點子。

試著想客戶所想，急客戶所急

「為客戶提供如何增加價值和省錢的建議，自然就會受到客戶的歡迎。」

很多人都有網路購物的經驗，有的購物網站程式很繁瑣，先是要求註冊，光填寫用戶名和選密碼就反反覆覆多次，接下來又是填寫一大堆個人資料，好不容易敲完了，網路卻斷線。

也許網站的初衷是好的，是想獲得客戶更多的資訊，瞭解客戶，為客戶提供更好的服務，然而其設計的業務流程，並未從客戶的角度去思考，反而給客戶添了許多麻煩。

「想客戶所想」，就是真正站在客戶的立場思考。

省錢、效益是客戶所想的，先不要考慮你的公司能得到多少利潤，而要考慮如何為客戶省錢或賺錢。先為客戶省錢，才有機會賺錢，這並不矛盾。「想客戶所想」不單是省錢，而是為了要「產生效益」。

舉例來說，某食品公司由於經營困難，老闆決定開發新產品，某廣告公司為其提供了全套的形象企劃和行銷廣告企劃，最後是產品包裝的創意設計。

設計、製版、打樣，最終要交付印刷的關鍵時刻，老闆看到一種國外的新包裝，想要更改方案，並要求在三天內看到一套全新的方案，時間非常緊迫。

結果所有設計人員全力配合日夜加班。三天後，客戶從外地回來，全新的方案已經擺在他的面前，老闆被廣告公司服務客戶的真誠所感動，最終採納了廣告公司的新方案，而公司的產品也因廣告公司全新的廣告行銷企劃而大獲成功。

只要把握住客戶的真正需求，企業的成功和市場成長就會順理成章。

以「惠普」為例，他們充分利用已經遍布全球的專設機構及網路資源，將自身的專家資源透過合作夥伴進一步延伸，為商用客戶提供專家指導意見，幫助客戶正確選擇適當的產品和技術，以促進業務的成功。

「惠普」還整合了各條產品線的優勢，為商用客戶提供整合好的適用產品，包括印表機、個人電腦和基礎架構等。

這些可靠的、精心設計的產品和技術解決方案可以輕鬆整合，並能更好地一同運行和工作。「惠普」不僅提供完善的管道服務網路、高級技術支援，還提供高可靠性、簡便的綜合支援和理財選擇，使商用客戶從經濟上、技術上均能獲得支援，使業務能更平穩地增長。

「惠普」也正是由於把握了客戶的根本需求，幫助其實現自身業務成長的目標，在過去也才能獲得全球及亞太地區商用客戶的廣泛支持，從而保持市場銷售額第一的領先位置。

Story 53

電風扇為什麼不能是彩色的？

你知道世界上生產的第一臺電風扇是黑色的嗎？

電風扇剛問世初期著重在實用，而並不講究造型及色彩，一律是黑色鐵製的，之後竟也就形成了一種慣例。導致每家公司生產的電風扇都是黑色的，似乎沒有人想過電風扇可以不是黑色的。

長久下來，人們的認知中也就形成電風扇是黑色的這個既定思維。

一九五二年，日本東芝電器公司（Toshiba Corporation）囤積了大量的電風扇，始終銷售不出去。全公司七萬多名員工為了打開銷路，想盡了辦法，可惜進展不大，公司陷入一片愁雲慘霧中。

最後公司的董事長石阪先生宣布：「誰能讓公司走出困境、打開銷路，就把公司百分之十的股份給他。」

這時，一個最基層的小員工向石阪先生提出，為什麼我們的電風扇不能是別的顏色呢？石阪先生非常重視這個建議，特別為此召開了董事會。但是管理階層都說這個建議很荒謬，不過，石阪仍想死馬當活馬醫，就姑且一試吧。

經過一番認真討論與研究之後，第二年夏天，東芝公司推出了一系列的彩色電風扇。而這批電風扇一推出就在市場上掀起一陣搶購熱潮，幾個月之內賣出了好幾萬臺。結果，彩色電風扇銷售奇佳，自此扭轉了東芝的命運。

從此以後，世界上任何一個地方，電風扇都不再只是一副黑色面孔了。

電風扇顏色的改變，使東芝公司大量庫存滯銷的黑色電風扇一下子就成了搶手貨，企業擺脫了困境，效益更是成倍增長。

改變顏色這一設想，並不需要有什麼專業知識，也不需要有什麼豐富的商業經驗，那為什麼東芝公司的其他幾萬名員工沒有想到呢？為什麼日本和其他國家成千上萬的電器公司沒有人想到，也沒有人提出呢？

這顯然是因為，自有電風扇以來它就是黑色的，雖然沒有法律規定電風扇必須是黑色的，但人們的認知已經被局限住了，認為電風扇就該是黑色的。

然而這位小員工卻打破了「黑色電風扇」的迷思，大膽地提出「電風扇為什麼不能是彩色的？」的新想法，就正因為他打破了窠臼、創造了新視界，才創造出了漂亮的業績。

要怎麼樣才能讓自己的產品在同類中脫穎而出呢？有的商家靠價格，有的靠宣傳，還有的靠推銷。

但是其實，有時並不是商品不好，而是因為產品太多，而市場的需求是一定的，平均分給每個店家，大家的銷量就小了，就是所謂的「粥少僧多」。

因此，產品的基礎當然要有一定的品質，但是可以加入一點小巧思，讓產品顯得與眾不同、別具一格，才能讓銷售量爬得更高。

Tips 行銷小提點

讓客戶更快樂的產品和服務

當你決定購買一項東西時，是不是每次都清楚你購買的理由呢？有些東西，也許事先也沒想到要購買，但是一旦決定購買時，總是有一些支持你買的理由。

再仔細推敲一下，這些購買的理由正是我們最關心的利益點。例如，漢克最近換了一臺體形很小的小型車，省油、價格便宜、方便停車都是車子的優點。但真正的理由是，漢克路邊停車的技術太差，常常都因停車技術不好，而發生尷尬的事情。

這種小型車，車身較短，能完全解決漢克停車技術差的困擾，而漢克就是因為這個原因才決定購買的。

因此，我們可從探討客戶購買產品的理由，找出客戶購買的動機，發現客戶最關心的利益點。充分瞭解一個人決定購買產品的理由，能幫助你提早找出客戶關心的利益點。

而一般人購買商品的理由可從三方面來瞭解：

❶ 喜愛品牌：

整體形象的訴求，最能滿足地位顯赫人士的特殊需求。例如，「賓士汽車」滿足了象徵客戶地位的利益。針對這些人，在銷售時，不妨從此處著手試探潛在客戶最關心的利益點是否在此。

❷ 喜愛服務：

因「服務好」這個理由，而吸引客戶絡繹不絕進出的商店、餐館、酒吧等比比皆是。「售後服務」更具有滿足客戶安全及安心的需求。因此，「服務」也是找出客戶關心的利益點之一。

❸ 喜愛價格：

若是客戶對價格非常重視，就可向他推薦符合其價位的商品；否則，只有找出更多的特殊利益，以提升產品的價值，使他認為值得購買，才有可能達成交易。

以上三個方面能幫助你及早探測出客戶關心的利益點。只有客戶接受銷售的利益點，你與客戶的溝通才會順暢。

良好的客戶服務措施或體系，必須是發自內心、誠心誠意與心甘情願的。業務員在提供服務時，必須付出真感情。沒有真感情的服務，就沒有客戶被服務時的感動，沒有感動，多好的客戶服務行為與體系也只是一種形式，不能帶給消費者或客戶美好的感覺。

「以獲利為唯一目標」是不少業務員恪守的一條定律。在這一思想指導下，許多業務員為獲利不自覺地損害客戶利益，致使客戶對供應商或品牌的忠誠普遍偏低。

而這種以自身利益為唯一目標的做法，極有可能導致老客戶不斷流失，自然企業的利益也會因此受損。

日本企業家認為，「讓客戶滿意」其實是企業管理的首要目標。日本日用品與化妝品業龍頭「花王公司」的年度報告曾經這麼寫著：「客戶的信賴，是『花王』最珍貴的資產。我們相信『花王』之所以獨特，就在於我們的首要目標既非利潤，也非競爭定位，而是要透過實用、創新、符合市場需求的產品，來增加客戶滿意度。對客戶的承諾，將持續主導我們的一切企業決策。」

「豐田公司」也著手改造過它的企業文化，使企業的各組織部門和員工，能夠將視線關注於如何在接到訂單一週內向客戶交車，以便縮短客戶等待交貨時間，讓客戶更為滿意。日本企業的做法，使得過去日本品牌的產品遠遠高於世界其他地區。

以汽車品牌為例，歐洲車在歐洲的品牌忠誠度平均不到百分之五十，而豐田車在日本的忠誠度高達百分之六十五。由此可見，重視客戶利益，「讓客戶滿意」是提高客戶對企業忠誠度的有效方法。企業由於客戶的忠誠度，不僅可以低成本地從老客戶身上獲得利益，而且可以因客戶推薦而提升新增客戶銷售額。

對許多公司而言，漸進式的改革已不足以適應市場需求，而需要的是對企業的經營理念進行革命式再造，構思一個「從客戶利益出發」的企業文化體系。

目前，國內一些創新能力較強的企業，已經迅速定義了自己全新的經營理念，這些經營理念，將成為企業全新文化體系的顯著標誌。

Story 54

廢金屬做的自由女神像

一九四六年，有一對猶太父子來到美國，在休士頓從事銅器生意，他們是奧茲維辛集中營的倖存者。

有一天，父親問兒子：「孩子，現在一磅銅的價格是多少？」兒子答道：「三十五分錢。」

父親說：「沒錯，所有的人都知道是三十分錢。但身為猶太人，我們唯一擁有的財富就是智慧。對我們來說，不應該只是三十五分錢，而應該是三．五美元。」

兒子驚訝地望著父親。父親說：「你試著把一磅銅做成門的把手，如何？」

父親死後，兒子做過瑞士鐘錶上的簧片、做過奧運會的獎牌，還曾經把一磅銅加工後賣到了三千五百美元。

一九七四年，美國政府決定翻新自由女神像，但在這個過程中留下了許多廢料。面對如何處理這些廢料，政府向社會公開招標，尋求處理廢料的公司，但卻無人問津。

這個猶太商人聽說之後，立即飛往紐約，看到自由女神像下大量堆積的銅塊和木料，立即就簽了字。許多人對他的這個舉動十分不解，甚至有人暗自嘲笑他的愚蠢。因為在紐約，垃圾處理有嚴格的規定，稍微不慎就會受到環保組織的起訴。

可是，猶太商人卻開始召集工人對廢料進行分類，把廢鉛、廢鋁做成紐約廣場精美的鑰匙；把廢銅熔化，做成小自由女神像；把木頭等加工成底座。

幾個月之後，這堆原本無人問津的廢料變成了三百五十萬美元的現金，也就是說，每磅銅的價格整整翻了一百萬倍。

而這位聰明的猶太商人就是日後著名的麥考爾公司的董事長。

同樣是煤，當作燃料銷售和加工後銷售的價值肯定不一樣。當今產品的種類極其豐富與多樣，該怎麼樣才能在同類中出類拔萃？這就要仔細思考，找到商品的賣點。

要能透過各種策略與方法來展現商品的獨特性，才能有亮眼的成績。要知道，廢鐵也有可能成為黃金，不要輕忽任何能加以發揮的東西。

Tips 行銷小提點

售後服務跟拿下訂單一樣重要

業務員承接訂單以後的目標就是——如期交貨。

有時，因為停工待料等原因而無法如期交貨，此時，業務員的當務之急就是，立即打電話給客戶，誠實說明不能如期交貨的原因。

若你能與顧客之間有一個「好的開始」，那麼這樣「好的關係」也將持續下去。

不論銷售什麼產品，如果不能提供良好的售後服務，就會使努力得來的生意被競爭對手搶走。贏得訂單，固然是推銷工作的一個圓滿「結束」。但從長遠看，這只是一個階段性的結束，不是永久的、真正的結束，反而是拓展推銷事業的「開始」──開始提供長久的、良好的售後服務。

只有一次生意往來的客戶，不算真正的客戶。真正的客戶是，時常有生意往來的人。這種往來關係不是一次、兩次或幾次，而是恆久存在的。

根據經驗，售後服務的品質越高、次數越多，越能獲得客戶一再的惠顧，客戶介紹朋友上門的意願也越高。

「服務」是為著銷售產品所提供的一切活動，以及與商品銷售有關的周邊活動，以提供客戶利益、滿意等等的行為。

但其實，只要記住幾個重點，相信客戶不會對你有多大的抱怨：

❶ 和藹可親的招待客戶，給予適時的產品說明。
❷ 一視同仁，並適時給熟客一定的優惠折扣。
❸ 商品交易時，應提醒客戶，在規定時間內可接受退換貨，並誠懇地聽取客戶抱怨。
❹ 在嚴格的品質管制要求下，一定要合乎其所標示的規格。
❺ 全力招待同時上門的客戶，而不能無視任何一位客戶的存在。
❻ 不說別家店銷售手法之長短。
❼ 自身具備專業知識及溝通技巧。
❽ 記得每一位客戶的名字及特色，能見人便知曉。

此外，為了贏得新客戶，留住既有客戶，以及增進客戶利潤的貢獻度，就需要透過不斷地溝通以瞭解並影響客戶行為，這其實就是以「行動導向」的方式去瞭解及改變客戶的行為，使新客戶加入、舊客戶維持及客戶的獲利能獲得改善。

我們要能根據客戶個別購買行為，提供專屬量身打造的服務，做到服務第一、顧客至上等永續經營的行銷方式。

銷售專家們認為，要銷售更多的產品只有兩條路可走，第一，你的產品特別優異，有許多優越性並非其他同類產品可比；第二，以完善的售後服務來爭取客戶的歡心。

美國聞名遐邇的汽車推銷大王喬·吉拉德說過：「我的成功，在於做了一件其他業務員都沒做的事。要知道，真正的推銷，是在產品賣出之後，而不是在成交之前。」

我們說凡是向吉拉德購買過汽車的客戶們，絕不會忘記他，因為如前所述，他每一季都會給客戶寄一張祝賀各種節日的精美名信片。

單從表面上看，這是吉拉德安排的推銷策略，但他是真正的以客戶為重，正如他在哈佛大學演講時曾說：「當客戶要求維修時，我竭力使他滿意；當客戶有了抱怨時，我到他家聽取意見；當汽車有了毛病時，我要像醫師一樣為他們感到痛苦、著急。」

現代推銷活動，需要樹立這樣一種經營思想：「賣貨，要像嫁女兒。」為人父母，把女兒辛勤培育成人，可是一旦長大，總要結婚嫁人。在女兒出嫁之後，父母也要隨時關心她婚後的生活，教育她勤勞持家，孝敬長輩。

對企業和推銷人員來說，也要把自己經手的商品看成是費盡心血養育成人的女兒，經常瞭解——「客戶使用後，是否覺得滿意？」、「有沒有發生故障和其他不便？」有時還得親自上門傾聽客戶的意見，迅速回饋給相關部門，作為改進產品的參考和依據。

只有重視和加強售後服務，才能進行更好的市場推廣，提高自己在客戶心目中的知名度，猶如增添了一位無聲的業務員，為企業和產品招攬更多的「回頭客」。

而在現實生活中，我們卻常會聽到類似這些問題，例如業務員在面對客戶的質問時，為了讓對方對自己留下好的印象而選擇迴避和隱瞞真相，但殊不知這樣反而會讓對方留下更糟的印象。由此可見，交談時的積極態度對一個人的形象有著非常重要的影響。

一個人說話時的語氣最能反映出一個人的心境，如果你說話語無倫次、支支吾吾，那不難知道你的心中一定藏有不能說的秘密。

因此在提供售後服務時，如果你能適時地提出問題，就能表現出你的認真傾聽，且瞭解對方說話內容的架構及重點為何，除了能讓對方產生好感之外，也能及時更正你聽錯了的部分，達到更有效的良好溝通與產品服務的補救措施。

因為這些表情動作都是一種肢體語言，它對客戶有著非常強烈的暗示作用。微笑的表情能給對方帶來好心情，因為，微笑是一個非常友善的暗示。也因此在與別人交流時，除了要積極主動的發問之外，還要能站得直、坐得挺，面帶微笑，因為這樣的人是自信的，而自信的人，能給人一種「安全感」，讓人對你留下真誠可靠的好印象。

摩托羅拉的通訊產品發展歷程

一九二一年，嘉爾文（Paul V. Galvin）看好蓄電池在汽車和收音機市場上的無限潛力，於是他與約瑟成立了「史華電池公司」。然而，這家公司只維持了三年便宣告破產，之後嘉爾文遷居到芝加哥。雖然此舉並未成功，卻顯現了嘉爾文迎合客戶需求的經營謀略。

一九二六年，他看好「B」型整流器，於是又加入此一事業之中。這種「B」型整流器一進入市場後，幾百萬人便可以用整流器來取代零售價較昂貴的電池。

然而，由於整流器技術的不健全，大量的退貨使嘉爾文又陷入了困境。為了挽救公司，他們設計出一種新的產品，可惜為時已晚，債權人已訴請法院勒令公司關門，並被迫要將整流器設計圖和設備拿出來拍賣抵債。

性格堅強的嘉爾文並未因此而垂頭喪氣，相反地，他對新型整流器的前景充滿信心。當嘉爾文獲知一家郵購公司有興趣將這項產品刊登在郵購目錄上時，便當機立斷，與弟弟湊了一千美元，在拍賣會上擊敗了所有的競爭對手，以七百五十美元的價格買下了自己的整流器設計和生產設備。

數星期之後，在伊利諾州芝加哥市哈里遜街八四七號，成立了摩托羅拉的前身——「嘉爾文製造公司」（Galvin Manufacturing Corporation），當時以製造電池整流器，讓使用者能透過家中插座的電流，來操作無線電收音機而聞名。

儘管公司在成立之初，僅有五百六十五美元和五名員工，第一個星期的工資總額也僅為六十三美元，但這就是嘉爾文兄弟輝煌事業的起點。他們的第一個產品「電池整流器」讓消費者不需再使用傳統的電池，能直接用家裡的電流來使用無線電收音機。

一九二〇年代，隨著汽車的風靡，聽收音機成了很多人的娛樂方式，這兩種新型產品的相輔相成，自然成為不可避免的發展趨勢。

但是，由於安裝過程複雜、音質不良、價格昂貴，同時最重要的是如果要收聽廣播，司機必須把引擎停下來，因此直到一九三〇年，還是很多人拒絕安裝收音機。

嘉爾文認為，經濟大蕭條時期，人們喜歡擠在收音機前忘卻自己的煩惱，可見人們需要收音機。因此嘉爾文決定走入民用收音機市場。他讓員工們設計一個價格低廉，並可安裝在大多數汽車內的簡易車用收音機。

經過嘗試，一個實驗模型出現在收音機製造商協會集會前，並及時安裝在一輛車內。雖然公司沒錢在會場租一個攤位，但他機智地將汽車停在會場外，以便參觀者入場前就能看到他們的收音機。此一成功的策略為公司帶來了不少的訂單，使他對車用收音機的未來充滿了信心。

為了強調是行動中的收音機，嘉爾文將他已頗具名氣的收音機取名為「摩托羅拉」。這是第一代商用車用收音機，可安裝在多數汽車上，並可大量生產。

一九三〇年底，嘉爾文公司雖然虧損了三千七百四十五美元，但車用收音機的業務卻蒸蒸日上。由於公司成功地將汽車無線電收音機商品化，並使用「摩托羅拉」作為品牌名字，這個字所代表的意思是「移動中的聲音」。

在此一時期，公司更成立了家庭無線電收音機及員警無線電部門。一九四七年，公司名字正式更改為「摩托羅拉有限公司」。

到一九五〇年代，摩托羅拉研發出具商用性能的無線傳呼機。六〇年代，摩托羅拉開始擴展海外市場。自從半導體成為工業和商業用基本的電子零件以來，摩托羅拉擴大了它的基本客戶範圍。

七〇年代，摩托羅拉開發出第一個微處理器，並率先開始了對蜂窩電話的研發工作。八〇年代，摩托羅拉的B.B. Call和蜂巢式行動電話風靡全球。

九〇年代，摩托羅拉在全球市場獲得了最大的成功，寫下了歷史性的一頁。它的電子通訊產品曾為現代社會開創了資訊交流的新紀元，並成為大眾日常生活中不可或缺的資訊工具。

二〇〇四年，摩托羅拉推出了超薄翻蓋手機「RAZR V3」，在當時獲得了巨大的成功，使公司達到前所未有的巔峰。

雖然二〇一一年摩托羅拉拆分成兩間公司，又經歷兩次轉手，在手機市場已不如往日雄風，但目前摩托羅拉的雙向無線電對講機、整合通訊系統技術，以及寬頻設備等，仍在市場上占有一席之地。

成立於九十年前的摩托羅拉公司（Motorola），在歷經嘉爾文家族三代經營後，如何能由汽車音響製造商壯大為曾經的全球第六大半導體製造商、第二大行動電話業者？這就要歸功於嘉爾文總是瞭解客戶心理，「知道人們需要什麼」。

他認為，一個企業的產品應能迎合市場需求而產生，因此他努力去迎合客戶的需求，來研發生產產品。

為此，他總是胸懷大略，預測出隨著經濟的發展而產生的市場需求，果不其然，這讓他贏得了客戶，使自己在競爭激烈的商海中立於不敗之地。

開發自身產品特色的重點

行銷之道，千變萬化，各有巧妙，憑本身的資源、產品特性、市場區隔、消費差異而有不同的方式。但如果能活用各種媒介，並運用靈活手腕，雖經費有限，也能創造出驚人的成果。

我們必須有自己的品牌效應，必須要開發真正適合市場的好產品，這裡有一個原則可以遵循，那就是——人無我有，人有我新，人新我好；人棄我予，人取我棄。如下說明：

❶ 人無我有，人有我新，人新我好：

產品開發要取得成功，要能在市場上取得競爭勝利，就必須做到「人無我有」、「人有我新」、「人新我好」。

所謂「人無我有」，就是別人沒有的產品或品種，我有，我能開發、生產；所謂「人有我新」，就是別人有的產品或品種，我不僅有，而且與人相比具有新規格、新花色、新款式、新功能等，即具有新穎性、創新性和新特色；所謂「人新我好」，就是別人的產品也新，但我的產品不僅新，而且品質好，經久耐用、功能齊全、服務周到。

公司競爭具體的表現為爭奪消費者、爭奪市場的競爭。誰勝誰負，誰處於主導、有利地位，取決於競爭雙方產品的情況、產品對消費者的滿足程度。

因此，公司的競爭集中體現在產品上，其勝負取決於競爭雙方各自產品能否在品種、規格、顏色、款式、品質、服務等方面滿足消費者需求。

產品的有與無、新與舊、好與壞、有與新、新與好，都是相對的、相比較而言的，並且是可以互相轉化的，是競爭雙方矛盾統一的表現。競爭矛盾雙方，一方有另一方無，有的一方就占優勢，就能取得競爭勝利；一方有另一方新，新的一方就占優勢，就能掌握競爭的主動權；一方新另一方好，好的一方就占優勢，就能占據競爭的有利地位。

因此，公司進行產品開發和市場競爭，一定要做到以我有對你無，以我新對你有，以我好對你新，總之，一定要使自己的產品形成特色和優勢，以己之長克人之短，這樣才能獲得成功。

❷ 人棄我予，人取我棄：

產品開發，要面向市場，要積極參與市場競爭。關起門來盲目開發，不考慮市場，不顧及競爭，註定是要失敗的。

產品開發，必須要有正確的競爭觀念和靈活機動的競爭策略，必須要懂得「棄」與「取」的相對關係，把握「棄」與「取」的時機。

「棄」與「取」，是市場供需矛盾變化和競爭雙方矛盾變化，在經營對策上的反映。當市場上出現對某一種產品的需求時，有眼光的公司，應看準時機，搶在別人的前面，儘快開發、生產出這種產品，及時投入、占領市場。

但當許多公司都競相開發、生產這種產品並投入市場時，在獲利減少到一定程度的情況下，就應及時地放棄這種產品生產，轉而開發、生產別的產品，或者當一開始就有許多公司開發、生產這種產品時，就不進行這種產品的開發和生產，這就叫「人取我棄」。

當市場上出現對某一種產品的需求，並且別的公司無力開發，或無意開發，或對效益評估悲觀不願開發時，如果自己公司有力開發且具有效益，就應積極開發，發揮自己的優勢；此外，當許多公司都放棄某種產品開發、生產後，市場重整又有利可圖時，公司就可東山再起，再次對該種產品進行開發、生產，這就叫「人棄我予」。

「棄」與「取」，是對立的統一。「棄」是為了「取」，暫時的棄是為了將來的取，少棄是為了多取。只取不棄，不僅取不到還會棄，暫時取到了將來也會棄。但只「棄」不「取」，是無任何意義的。

「棄」與「取」，都是有條件的、相對的和可轉化的。客觀地看待「棄」與「取」，「棄」不一定就是不好，「取」不一定就是好。

在一定情況下，「棄」可以避免損失，換來今後的盈利。但在其他的情況下，「棄」就等於放棄有利時機，放棄效益。對於「取」，道理也是一樣的。

總之，公司進行產品開發，要根據市場實際及自身條件和優劣勢，採取靈活的戰略戰術，宜取則取，宜棄則棄，適時取，適時棄，以我予對人棄，以我棄對人予。這既是先賢管仲的經營之道，也是當今公司的制勝之道。

在產品開發上，切忌跟著別人的腳步走，或消極地跟著市場轉、亦步亦趨，大家都做我也做，大家不做我也不做，如此一來便註定會失敗。

Story 56

百事可樂如何做品牌轉型？

「百事可樂」是世界飲料業的兩大巨頭之一，一百多年來始終與「可口可樂」上演著「兩樂之戰」。

「兩樂之戰」的前期，即一九八〇年代之前，百事可樂一直處於低迷狀態。由於其競爭手段不夠高明，尤其是廣告上的競爭不力，所以被「可口可樂」遠遠甩在後頭。

然而經歷了與「可口可樂」無數次交鋒之後，「百事可樂」終於發現自身的缺陷所在，從而明確了自己的定位，以「新生代的可樂」形象對「可口可樂」展開了攻擊，從年輕人身上贏得了廣大的市場。如今，飲料市場占有率的戰略格局已發生了巨大變化。

「百事可樂」的定位是具有其戰略眼光的。因為「百事可樂」的配方、色澤、味道都與「可口可樂」相似，絕大多數消費者根本喝不出兩者的區別，所以「百事」在品質上根本無法勝出。

然而「百事」選擇的挑戰方式，是在消費者定位上實施差異化。「百事可樂」摒棄了不分男女老少，「全面覆蓋」的策略，而是從年輕人入手，將消費群體重新定位。透過廣告，「百事」力圖樹立其「年輕」、「活潑」、「新時代」的形象，而暗示「可口可樂」的「老邁」、「落伍」、「過時」。

「百事可樂」完成了自身產品的定位之後，便開始研究年輕人的心態。發現年輕人現在最流行的東西是「酷」，所表達出來的就是獨特的、新潮的、有內涵的、有風格創意的。因此「百事」抓住了年輕人喜歡「酷」的心理特徵，開始推出了一系列以年輕人認為最酷的明星為形象代言人的廣告大戰。

例如在美國，一九九四年「百事可樂」與美國當紅流行音樂巨星麥可．傑克森（Michael Jackson）簽約，以五百萬美元的驚人價格，邀請這位明星作為「百事巨星」代言產品，並連續製作了以麥可．傑克森的流行歌曲為配樂的廣告片，此舉被譽為飲料業有史以來最大手筆的廣告運動。

麥可．傑克森果然不辱使命。當他踏著如夢似狂的舞步，唱著「百事」廣告主題曲出現在螢幕上時，年輕消費者的心無不為之震撼躍動，「百事可樂」此一飲料品牌也開始為年輕人所矚目。

不久以後，「百事可樂」又聘請世界級當紅女歌星瑪丹娜（Madonna Louise Ciccone）為世界「百事巨星」，此舉可謂轟動全球。由這些紅透半邊天的世界頂極明星引領，「百事可樂」這一品牌開始深入人心，尤其受到年輕一代的青睞，銷量直線上升。

「百事可樂」透過名人廣告在美國市場上大獲成功之後，決定在世界各地如法炮製，尋找當地的名人明星，拍攝受當地年輕人喜歡的名人廣告。

在台灣，「百事可樂」也曾邀約蔡依林、羅志祥、周杰倫為品牌代言。廣告在亞洲地區推出後，也受到了年輕一代的極大歡迎。

音樂的傳播與流行得益於聽眾的傳唱，百事音樂行銷的成功，正在於它感悟到了音樂的溝通魅力，這是一種互動式的溝

通。好聽的歌曲旋律，打動人心的歌詞，都是與消費者溝通的最好語言。

「百事可樂」作為挑戰者，沒有模仿「可口可樂」的廣告策略，而是勇於創新，透過廣告，樹立了一個「後來居上」的形象，並把品牌蘊含的那種積極向上、時尚進取，和不懈追求美好生活的新一代精神，發揚到百事可樂所在的每一個角落。

如今「百事可樂」那年輕、充滿活力的形象已深入人心。「百事可樂」已成為年輕一代最愛的飲料之一，那就是因為他們做對了一件事——確立了消費群體。

任何一種產品都有自己所屬的定位和消費群體，而行銷最主要的就是要將目標鎖定在最準確的位置上，並針對這一消費群體的特點，樹立一全新的品牌形象。

在此基礎上，將形象做大、做強，更要做出獨有的特色，深入人心，以形成一種品牌共識。

Tips 行銷小提點

行銷始終來自於人性

今日的媒體早已是多元化，加上社會進步、科技進步、資訊的發達，媒體更是不斷地自我擴大、自我充實，甚至擴展到有線電視、網際網路。

也由於「廣告」具有溝通的能力，能影響消費者產生實際的購買行為，才能造就「廣告」的無所不在。

何以說「廣告」是無所不在的呢？因為，我們無時無刻不是生活在廣告之中。

例如，報紙上所夾的宣傳單、廣播節目中的插播廣告、穿梭在大街小巷的公車廣告、大而醒目的戶外看板廣告、住家前面的檳榔攤辣妹就是最佳的廣告、中午所吃的便當盒上的小廣告、消費者所閱讀的雜誌、路邊的招牌，以及電視節目的插播廣告等等。

「諾基亞」行動電話的廣告詞「科技始終來自人性」，使每一款手機都具有人性化、簡單、容易操作的特色，以滿足消費者的通訊需求。所以，由以上而言，足以見證「時勢需求」創造「廣告」，也創造了「廣告」無所不在的時代。

雖然「廣告」無所不在，但是一個成功的「廣告」也不一定就要吸引消費者產生購買行為，因為有些「廣告」不是以產生利益為原則，只是在做一件自我行銷的策略罷了。

在美國就出現了與傳統廣告宣傳方式不一樣的廣告，因為這些廣告具有「出奇不意」的特質，往往所造成的效果會比傳統式廣告好上幾十倍，甚至幾百倍都有可能。

或許就是因為這種另類廣告掌握住了最佳時機、地利，才能讓消費者在完全不設防的情況下跳入眼前，讓人留下深刻的印象，進而購買商品。下列的例子可作為參考。

廣告咖啡杯——在紐約的曼哈頓，由於上班族生活壓力大，咖啡也就喝得凶，因此，幾乎是人手一杯咖啡。因此，腦筋動得快的廣告商把握住這個將咖啡杯印上廣告訊息的契機。

百貨公司美食街廣告——廣告主利用地下美食街柱子的牆面做燈箱廣告，甚至安裝一個小型液晶顯示器（LCD），可不停地變化展示各種廣告內容，而近來很多大樓在電梯前也都裝設了這種液晶顯示器，播放著各種廣告。

最常見的DM廣告——將廣告印在DM上，然後在捷運站內送到通勤族的手上。

為什麼我們不去學習別人成功的例子呢？

美國大多數的加油站為自助式，可以發展成加油站碼表廣告，我們的廣告商也已經將此小螢幕廣告的概念，延伸到銀行的自動提款機（ATM），因為在你等待下個提款步驟的空檔，小螢幕廣告不就有機可乘了嗎？

你的人生轉捩點會在？

一家六星級酒店正舉行豪華訂婚儀式，主角是富家子與他的明星女朋友，名流親友紛紛現身道賀。但擠滿人的宴會廳忽然傳出一聲尖叫，富家子被發現倒臥在角落的血泊中，已經死亡。

警方調查過現場人士跟死者關係，以及案發時的行蹤後，將其中四人鎖定爲疑犯，你認爲眞兇到底是誰？

A. 曾經和死者合資創業，結果血本無歸的合夥人。

B. 死者前女友，當年在訂婚前夕被死者拋棄。

C. 女明星的前男友，被死者橫刀奪愛，但仍深愛女方。

D. 某個無名小子，父親的公司遭死者的父親侵吞。

選擇A

「金錢作怪」時。

認為兇手和死者有金錢瓜葛，證明你的命運轉向會受財富影響。你的人生轉捩點，要等到你自立生活，經濟能力有變化時才會出現。因為提升生活水準的渴望，會為你帶來許多機會，但你亦可能會想借錢賺外快，但是千萬要三思，否則容易衍生金錢方面的負面影響。

選擇B

「失戀打擊」時。

這個轉捩點可好可壞，端看你能否振作起來。懂得善用失戀的創傷來改善自己，增加魅力，就能遇上更好條件的對象，和你一起走上康莊的人生大道。相反地，如果你只顧著埋怨，自暴自棄的話，那麼你只會繼續活在過去痛苦的回憶中，無法繼續向前行。

選擇C

「甜蜜戀愛」時。

你選擇了對舊情人念念不忘，你是為愛情鋌而走險的人，顯示愛情隨時令你的人生改變。有了心儀對象互相關懷，你會認真地思考及落實自己的理想，往後的人生有明確目標。然而隱藏的危機是，一旦你愛得太投入、太盲目，便可能逐漸失去許多事物而不自覺。

選擇D

「眾叛親離」時。

按你的推測，最合理的殺人動機是報仇，為至親雪恨。被人出賣固然會傷心失望，但你可藉此低潮看清楚誰是真正關心你、誰又假情假意、誰又是看風轉舵的人。只要你仍不對人失去信任，這樣的「洗禮」會讓你找到交心知己，對人生處世有另一番體會。

Story 57 賺到眼淚，就賺到鈔票

行銷小提點 ～目標對象：貼近市井小民群相

Story 58 將缺點當賣點，印象深刻

行銷小提點 ～自曝其短，讓人記得更牢

Story 59 你集好點換超商公仔了嗎？

行銷小提點 ～鎖定消費群，創漂亮業績

Story 60 只款待心中最重要的人

行銷小提點 ～穩定且持續提升消費者滿意度

Story 61 平價、時尚、快速到貨的網拍女裝

行銷小提點 ～好康道相報的口碑式行銷

Story 62 除了可樂，讓年輕人也愛上喝茶吧

行銷小提點 ～創造出成功的市場區隔

Story 63 咖啡在85度C喝起來最好喝

行銷小提點 ～平價操作，鎖定年輕族群

Story 64 台灣農產麵包的美味行銷

行銷小提點 ～結合在地，以個人品牌行銷台灣

國內知名企業
行銷案例

Stories For Enhancing
THE MARKETING
ABILITY.

Story 57

賺到眼淚，就賺到鈔票

也許你看過這樣的廣告：某戶人家家裡沒裝冷氣，電視也因老舊而一片霧花花。因為家裡太熱，所以少婦懷裡的嬰兒一直無法睡著而哇哇大哭，少婦沒辦法，只好抱著熱到睡不著的孩子站在屋外納涼。

工作結束後返家的丈夫看到了這一幕，臉上露出了十分不捨的表情……

接著下一幕，家裡添購了新家電後，母子倆坐在藤椅上安詳地入睡，工作返家的丈夫看了，露出了安慰的笑容。

同樣的，另一支廣告或許你也看過：

為了打工賺學費，連年夜飯都無法回家吃的女孩，在深夜結束賣場的工作後返回住處，卻看見頭髮灰白的爸爸買了一台洗衣機，坐在樓下等女兒回來。

爸爸把洗衣機搬上樓之後，看見女兒的房門上貼著寫滿各種待繳費用的便條紙，老爸爸一陣難過，便從口袋裡掏出了一個紅包塞給女兒，女兒看了驚訝地問日子清苦的父親怎麼會有錢……

最後答案揭曉，爸爸對著女兒說：「咱買多少，全國電子就順便借我們多少，攏免利息。」在這些廣告影片當中，並沒有大肆地鼓吹任何促銷折扣或優惠專案，卻僅只在片末打出十二期零利率的靜音畫面。

全國電子總經理在接受雜誌訪談時說道：在大打賺人熱淚的親情

牌之後，再從容不迫地端出解決方案。賺到眼淚，也賺到鈔票。這是他對自家產品貼近消費者心意的期許。

「全國電子，足感心」這句知名的廣告slogan，是全國電子總經理蔡振豪冀望所有員工能做到的價值，他與吳念真導演討論過後，為了更凸顯企業的「同理心」，便再加上了一句——「有些事情，我們不能不為你想」，而在吳念真以誠摯的聲音詮釋之後，果真強烈觸動觀眾的心。

全國電子近年來的廣告都是出自於總經理蔡振豪的構想，再加上吳念真導演的清新執導風格，所展現出來的行銷手法都與時事相關。

例如，到了九月開學季，就會播出描寫父母親想辦法為子女籌學費的廣告；到了快過年時，就會有遊子返鄉過年與家人團聚的畫面，這些在在強調的都是最貼近一般民眾的生活訴求，能讓有過同樣經驗的觀眾為之動容，甚至生活較為富裕的觀眾也能對該品牌產生善良且正面的印象，而願意到其公司消費，是一種非常強大的行銷軟實力。

Tips 行銷小提點

目標對象：貼近市井小民

根據「為家人犧牲」以及「親情」等主軸，全國電子拍攝了一系列的廣告，呈現出了手頭並不寬裕的市井小民群相，反映出他們左右為難的心聲，而企業則本著感同身受的同理心，行個方便給消費者。

全國電子走的行銷路線是扎根於家庭核心、打動人心的溫馨廣告，其將品牌回歸到初衷、回歸到消費者使用家電的背後原因、回歸到人與人之間的感情依附。

因為只有最貼近市井小民的故事，才最能打動市井小民的心。

Story 58

將缺點當賣點，印象深刻

據《Career》雜誌刊載，眾所皆知的賣場全聯福利中心，曾有一支電視廣告「問路篇」，以類似偷拍的手法，呈現消費者因看不到醒目的招牌，在街上遍尋不到全聯福利中心的困擾模樣，最後甚至走進了全聯福利中心問工作人員：「請問全聯怎麼走？」如此自揭瘡疤的廣告在剛推出時讓觀眾印象深刻。

這支廣告的訴求是，全聯社省下招牌的預算，回饋消費者更優惠的價格。

後來，又出現了一支密集播出的「豪華旗艦店篇」，內容更變本加厲地「自暴其短」，由一名冷面笑匠型的「全聯先生」細數全聯社的「缺點」，他說：「我們沒有豪華地磚、沒有美麗的員工制服、沒有寬敞的空間、沒有停車場、沒有刷卡服務，但是，我們把錢省下來，給你更便宜的價格。」

接著，最知名的「颱風篇」廣告，讀者朋友們看過應該印象深刻，它的內容很簡單，但是後勁卻很強。

在廣告裡，全聯先生說：「防颱三步驟：一、堆沙包；二、封門窗；三、去全聯。」，接著發現自己被沙包擋住出不了門，便趕緊說：「抱歉，應該是先去全聯。」

如此廣告的自我解嘲，創意十足，也讓消費者記憶深刻，到了颱風天，便會記得「先去全聯」。

奧美廣告的業務企劃人員據實地探訪店家後，表示因為全聯社沒有明顯的招牌，許多消費者的確不知道全聯社在哪裡，有購物需求時，自然不會想到全聯社。於是，第一支電視廣告就以「招牌」為主題。

在企業形象廣告中，少見這種將「缺點」當「賣點」的宣傳手法，但如此反其道而行的方式卻提高了全聯的「能見度」。

在眾多「老王賣瓜」的大賣場或超市廣告中，「最便宜」、「最划算」等用詞挑起消費者的購買意願，已經讓消費者產生了習慣心理。

全聯福利中心的形象廣告同樣也是從「便宜」切入，卻不只是強調「天天都便宜」，而是告訴消費者「為什麼我們這麼便宜」。

而這種「自我挖苦式」的逆向操作，反而讓觀眾留下深刻印象，讓全聯在價格優勢上更具有說服力。

Tips 行銷小提點

自曝其短，讓人記得更牢

奧美廣告為全聯社操刀的電視廣告，以「自我挖苦」的逆向操作，採取少見的「自曝其短」策略，凸顯全聯社的樸實作風，反而讓消費者留下深刻印象，不但讓許多消費者「發現」了全聯社福利中心，讓全聯社的價格優勢更具說服力，甚至還拿下了第二十九屆時報廣告金像獎的最佳影片。

而奧美廣告也表示其為全聯製作的廣告，並非只是「自曝其短」，而是用較詼諧的手法去表現出客戶原來的面貌。

因為沒有華麗的商場，沒有刷卡服務和停車場，就是一種「缺點」嗎？消費者會不會忘了「羊毛出在羊身上」？而全聯的行銷廣告，也成功地讓消費者思考東西便宜或昂貴的原因為何。

因為一般我們做商品行銷的時候，總會將自家產品最完美的一面展現在消費者面前，這是人之常情，但是反過來說，經常大肆宣傳這樣的「完美」反而會讓客戶產生一種不夠真實、說不定便宜沒好貨的感覺。

如果我們想讓消費者對產品產生信賴，想讓消費者對自家的品牌留下好印象，那麼就不該過度刻意地藏匿產品的缺點，若你能大方地暴露出產品的「不足」之處，證明這個「不足」是有利於消費者的權益，就像全聯的廣告主旨一樣，那麼必能順利地打入消費者的內心。

記住，刻意地遮掩產品的不足，並不是良策。想在消費者面前表現產品最完美的一面，沒有什麼不對，只是任何商品都有其不足之處，然而正因為商品的「缺點」，消費者才會認為這是真實的成本反映，也就是羊毛出在羊身上，也就更能相信你的產品與品牌了。

Story 59

你集好點換超商公仔了嗎？

集點行銷的觀念源自於日本，台灣仿效日本，在二〇〇五年四月統一超商推出台灣第一個集點活動，創造了新的商機，使得其他超商也跟著推出集點活動，造成了各超商的集點大戰。

在每個檔期限量發行特定主題公仔來吸引消費者激起收集的心理，消費者若想得到點數就要符合消費條件，例如：消費滿六十元即可得到一點，接著便要一再的消費達到點數數量才能將公仔帶回家。

工商日報曾著文分析其目的就是為了吸引顧客來店，利用人們想收藏的心理，促使消費者一而再，再而三的消費，才有機會收集到完整的公仔組合。

業者因此就會因為贈品成本提高，進而把消費金額條件也升高，如果消費者再消費幾十元就可以得到點數，店員就會問消費者是否要再購買其他商品來獲得點數，利用這種方式，業者就可以獲利更多。

但並不是每次所推出的產品都能如期成功，便利商店推出的贈品多使用知名角色（人物、卡通角色等）為賣點，一為該角色已有相當的知名度，二為可吸引對此角色有興趣的消費者族群，選用的角色應要符合各年齡層都喜歡，也必須鎖定較廣大的客群，吸引不同的客層，否則不合投資效益。

因此選擇的促銷贈品主角，就必須擁有廣大的粉絲基礎，若選用的角色，喜愛的年齡層太低，或較不具知名度，則很難引起消費者與趣。

超商選擇的角色從美、日的卡通經典人物史努比、Hello kitty、小叮噹，到日本的Keroro軍曹、神奇寶貝、海賊王等動漫人物都曾輪番上陣，以及7-11的Open醬，都一再推出。只要當期的效果不錯，再被重新設計包裝推出的機率就會越大。

另外業者都會請明星做代言人來參與行銷廣告的拍攝，利用明星偶像的好形象吸引民眾關注，增加話題性來推動產品，並希望達到預期的成績。然而名人代言的效果也確實驚人，多半能打出強大的廣告宣傳效應。

近年來，便利商店全店行銷活動超夯，從單純的檔期促銷、滿額贈，再到集點換贈品、加價購等不同形式的活動，讓全店行銷儼然成為各連鎖通路的兵家必爭之地。

集點兌換商品也從過去符合大眾口味的「全壘打型」肖像到現在的「分眾型」商品，例如菇菇筆、LINE的卡通圖像產品、crystal ball的吊飾等等，清楚瞄準消費群。

而超商全店集點活動，只要兌換的贈品好、吸睛，幾乎一定能成功帶動業績翻倍成長，集點活動儼然已成了超商最大的吸金策略。

鎖定消費群，創漂亮業績

透過市面上的問卷調查，可發現網友對於超商集點活動主要討論的內容不外乎有是否喜愛贈品外型、活動集點方式難易度、能不能兌換到想要的款式等等，大多數人在意的是活動兌換的訊息以及商品兌換的難易度，許多網友會透過網路尋找同好交換已重複兌換的商品。

由此可見超商集點活動的行銷手法在競爭對手推陳出新下，大多數消費者的反應仍十分踴躍。

此外，發現許多網友參與集點活動最主要的原因是「喜愛」主題角色，同時商品的外型「可愛」，「實用性」也符合消費者的訴求。

由於各超商所提供的產品服務同質性高，因此許多消費者會依據集點活動的內容，進而選擇到特定的超商消費。因此，若能鎖定某一消費群，便能創下漂亮的業績。

Story 60

只款待心中最重要的人

台灣著名的王品集團，在業績快速成長的背後，來自不斷的有新的餐飲品牌誕生。從「王品牛排」到「品田牧場」，十四年間王品集團已經創立出八個品牌。

據商業週刊報導，王品旗下每個品牌的年度行銷預算，多則五百萬元，少則一百五十萬元，用這麼少的錢，卻能打出品牌知名度，且從活動發想、企畫到執行都是靠王品員工的創意。

「若今天有一個新的咖啡品牌上市，三、五千萬元的預算費用是跑不了的，而我們只有這些錢，十大行銷活動又統統要做！」王品集團品牌總監高端訓如此說。

王品擅長創造大眾關心的議題，以引起媒體報導。高端訓以公關公司計算媒體曝光價值的方式來計算，每月媒體報導王品集團的版面、秒數換算起來，平均都在五百萬元以上。

二〇〇三年的「十朵玫瑰慶賀王品十週年」是最成功的案例。當時十一家王品牛排，每家店請一千人吃飯，有七部SNG車同步轉播，單一活動報導價值達一億零八百萬元。而這活動的成本約只花三百萬元的牛排錢，當年只辦這個大活動，最後，五百萬元的行銷預算還有剩。

另一次是在北海道昆布鍋的高空昆布剪綵，九家電視台報導，媒體曝光效果約值一千四百萬元，而活動的成本是來自日本三十多萬元的昆布條。

其次是網站會員行銷，王品定期發電子禮券給八十二萬會員，成本近乎零。消費者帶禮券用餐，餐後會送一個價值約二、三百元的禮物，等於一餐飯打八五折，這對帶回老客人的營收貢獻，占整體集團營收的五%，今年更將達二億一千萬元。王品的品牌總監解釋，憑禮券消費的客人才能拿到禮物，行銷費用就可以花在刀口上。

最後一個則是實體資料庫行銷，這種傳統填問卷、留電話、地址的資料，多半來自於忠誠度高的消費者。

活動方式是每半年寄一本折價券，目前王品大約每次要寄出一百零三萬本。由於寄發的成本較高，一年印製、寄發成本達新台幣八百萬元，並不適用在消費價格較低的品牌，目前僅限王品牛排。雖然成本高，但對王品牛排的營收貢獻率卻近四十%。

但創意在王品，還是有評估準則，分別是：原創性、話題性、相關性、簡單性及可執行性，最後再化為實際行動的創意，一年約花費一千五百萬元，就能為王品集團每年創造約五億元的媒體報導價值。

「好的團隊不是教他很多方法，而是建立好的價值觀，」高端訓說，若是告訴行銷人員這樣可以或那樣不可以，會形成另外的框框，有好的價值觀，就會有源源不絕的創意。

好的價值觀來自五個口號：「一切努力都是為了品牌」、「最好的點子還沒生出來」、「過去做的不一定對」、「貼近消費者的生活」、「凡事沒有不可能」。

穩定且持續提升消費者滿意度

王品集團的行銷手法能不花大錢，又很精準抓到客群，這表示王品每個品牌都有其口號、精神、甚至代表的花朵，這種「深品牌」的手段是正確的。

既然做這麼多事，可以進一步考慮綜效，在這麼多品牌之下，有沒有可能利用同樣資源做跨品牌行銷？

因此在設計行銷活動的時候一定要設定消費者的來店次數、每次消費平均多少錢？ 這樣各品牌之間就會有比較的基準。而不同品牌，對一種活動反應相近的消費者，就可以一種活動做跨品牌行銷。

其二，消費者對於食物、服務的重視，永遠是擺在促銷活動之前，因此，提升消費者經驗滿意度，永遠是餐飲業者「無限上綱」的議題之一。

Story 61

平價、時尚、快速到貨的網拍女裝

東京著衣創辦者周品均接受媒體訪問時表示，她和一般e世代的女生一樣喜歡打扮，也常常研究網路上的服飾拍賣，她憑著天生挑選衣服的直覺，在網路拍賣上獲得很多不錯的評價。

周品均一開始都是由別人騎摩托車帶著她去中盤服飾店批貨，後來發現這樣利潤太低根本沒賺錢，所以她最先只是玩票性質的做網拍賣衣服，想不到網路生意越做越大，業績也越做越高，後來直到國稅局要他們繳稅，他們才成立了現在的公司。

東京著衣創立於二〇〇四年，當時的網路交易已發展相當完備，許多人開始在網路上販售商品，由於東京著衣秉持以顧客為主的理念，堅持以消費者為導向的行銷，才能在短時間內獲得青睞。二〇〇五年，東京著衣即在Yahoo奇摩拍賣平台獲得評價最高品牌。

「隨著業績的成長，五坪大的宿舍早已不敷使用，周品均從到嘉義租透天厝到向銀行貸款兩千萬蓋倉庫。」奠定了東京著衣往後在台灣的發展基礎。

二〇〇六年，因五分埔供貨不穩，為加速出貨速度，決定直接去中國找尋上游廠商；但發現價格便宜、品質不良，於是決定找當地的加工廠合作，設點、驗貨、收貨，再空運回台灣，也因此成為日後進軍大陸的一大優勢。

目前「東京著衣」販賣的服飾品類包括：休閒服、OL服、節慶服、旅行服、服飾配件（皮帶、項鍊、耳環、手鍊、髮式、包包）等等…而最近又加入了新類別包含內衣、睡衣、比基尼、鞋子等等無所不賣，一應俱全。

加上搜尋引擎策略，「東京著衣」利用搜尋引擎推廣；一種是按照主要搜尋引擎的搜尋規則，將網站頁面進行最佳化，使網站在主要搜尋引擎中的排名優先。第二種是投入資金，參與各大搜尋引擎的排名競價，使自己網站的排名優先。

最後，加入電子報推廣策略，定期推出電子報，電子報推廣策略是E-mail推廣行銷策略中的一種。它是透過電子郵件向用戶傳遞有價值資訊的網路行銷手段。

「東京著衣」憑著平價、時尚、快速、多樣選擇的行銷策略滿足和掌握了時下消費者的需求。

且服飾款式採取大眾款式，讓各個年齡層的女性有多樣選擇。更以貼心的服務、薄利多銷方式經營網路及實體店面。

而最大的行銷效果則是利用網路拍賣打響知名度且降低實體店面之租金、開銷費用等等，以低價策略、薄利多銷方式販賣成熟的服飾，讓上班族也能利用閒暇的時間上網選購。

此外，每星期固定時間刊登新品，利用新品做折扣，吸引消費者固定上網來逛逛新貨，也提高了購買意願。

好康道相報的口碑式行銷

顧客就是最好的行銷人員，以服務親切的口碑獲得許多消費者良好的評價，透過網路消費者大量的討論，可達到宣傳的效果，網路消費者會因其他消費過的消費者評價的好壞而考慮是否購買。大部份的消費者都給予東京著衣良好的評價。

嚴格說起來很少有一個服飾品牌可以像「東京著衣」這樣一年內推出這麼多的種類及樣式，而且又能如此暢銷，而平均單價卻只有三九九元，單價是一般服飾店的四分之一。

周品均為其服飾定價時研究過，以買家心態及女人愛嘗鮮，衣櫃永遠少一件衣服為主軸，研究出「如何多買一件沒有罪惡感呢？」這樣的心態來定價，而周品均找到最大交集點便是三九九元，也使得在網路上訂購過的多數消費者成為其忠心的回頭客。

Story

62

除了可樂，讓年輕人也愛上喝茶吧

台灣的年輕人流行吃冰、喝可樂、汽水，在三十年前冰果室是台灣最流行的商店，冰果室賣刨冰、水果盤及其他乾果、豆仁類食物，不曾有人在冰果室裡喝過茶。

春水堂創辦人劉漢介先生覺得很奇怪，台灣人為何不喝紅茶？為何不喝綠茶？有多少人會像他一樣，在三十歲以後才愛上半發酵茶的小壺泡？應該讓年輕人繼續喝可樂、汽水嗎？怎麼沒人推薦他們喝茶？

台灣全年皆夏，真正低溫也不過二個月，熱騰騰的茶只能提供二個月的溫暖，其餘十個月，誰給人們清涼與舒暢？這些想法時常盤踞在劉先生的心中。

一九八三年，劉先生取經日本及參考本地市場後，首度以調酒器調泡出第一杯泡沫紅茶，並命名之，從此開拓冷飲茶新世界。

當時的店舖裝潢風格一如宋時汴京的茶館，掛畫、插花、焚香，不同的是西式吧台，供茶方式是以六公克的茶葉立即沖泡，濾出後放入調茶器中加冰塊、加糖，前後搖晃，讓它產生細微泡沫，並讓溫度降至十度。

倒入杯中時，泡沫會向上昇華有如碳酸飲料般，飲用時會先聞到紅茶天然焦糖香，入口清涼，入喉後溫度上升，茶味湧現穿鼻而出，喝至最後一口時，咀嚼冰塊，以除甜膩。

而為了讓消費者簡單易接受，產品項目只有三種：「泡沫紅茶、檸檬紅茶、百香紅茶」，前一種是單味茶；後兩種是果茶。

春水堂跳脫傳統茶的束縛，讓茶不再是老人與長者的專利，讓「茶」瞬時之間轉變成各個年齡層都能接受的飲品，也帶領「傳統熱飲茶」走向下一個「冷飲茶的世代」。

雖然如此，春水堂並未走向低價而快速擴張的冷飲茶攤，反而更加堅持不易被模仿的茶藝文化價值，也讓春水堂在茶飲市場中設立一鮮明的定位，享有最高的品牌價值。

春水堂劉先生受訪談時曾提到幾則日本電視台報導的故事：有一個是一輩子糊風箏的老者；一個是祖傳數代折紙鶴的店；另一個是從江戶時代即堅持至今，每天只賣一百五十個便當的料理店。

老者做風箏是透過風箏完成想飛的心願；祖傳的紙鶴，是眾人夢的寄託及家傳技藝的使命感；限量製作又賣得很便宜的便當，是一種崇高的社會服務實踐。

不管是想飛的決心，家傳的使命感，還是服務人群的崇高理想，這些人所展示的堅持與執著，令人感動。沒有剛毅的人格特質，與清楚的人生態度，做不來這些大事。

創造出成功的市場區隔

茶吧的商業模式重點在於「簡單化」，也是茶吧的競爭優勢，卻也因為「簡單化」，卻也更加容易模仿，在進入門檻相對低的情況下，競爭者快速的增加。

因此，在市場重新分配後，春水堂與茶吧和現今的手搖飲料店便形成兩種不同的區隔。

在這樣的區隔之下，也讓春水堂所塑造的古典環境、悠美的音樂、新鮮的插花、有素質的人員與高品質的茶，彰顯得更加有價值。

同時也由於相當高的投資門檻（數千萬元以上），也成為市場區隔中最大的進入障礙，這也能說是一種「高檔」的行銷奇蹟。

Story 63

咖啡在85℃喝起來最好喝

在咖啡市場競爭激烈的二〇〇〇年代初，成立不久的85℃卻已成為台灣飲品與烘焙業的最大玩家，一年生產四千六百萬杯飲料與咖啡、五千萬片的切片蛋糕，數量大到平均每位台灣人都可消費兩杯85℃的飲品和兩片的蛋糕。店面家數市佔率更達三〇%，超越國際品牌星巴克。

85℃名字取名來自「咖啡在攝氏85℃時喝起來最好喝」，在此溫度可嚐到咖啡中甘、苦、酸、香醇等均衡的口感，而這也代其表希望傳達給顧客——85℃的產品兼具高品質、美味與超值的精神。

由於主打平價消費高優質享受的服務，一推出就形成一股潮流，也由於餐點和咖啡的組合帶給許多飲料店強烈的衝擊。

85℃經營策略，以破壞式創新的手法進入市場，就是以更便宜、功能更強的創新產品，進攻低階市場，癱瘓領導品牌。

而85℃地點、坪效、裝潢的精打細算，使85℃平均開一家店資本額三百萬，比星巴克少一半以上。

當時85℃最低價格的咖啡訂在三十五元。以熱拿鐵為例，其價格比星巴克腰斬了近一半以上。就算折半後還有賺，因為用最好的Lavazza 咖啡豆，一杯的成本也只有十元，毛利率仍有六五%。

85℃以「永不退流行的飲料—咖啡」和「咖啡的最佳良伴—蛋糕」這兩項關鍵因素來吸引顧客，台灣人愛喝咖啡，根據估計一年的市場規模超過四百億元。

與歐美國家比較，台灣咖啡市場的成長空間還大有可為，各個店家彼此互相競爭，各出奇招想盡辦法招攬顧客。

然而本土自創品牌85℃卻能在強敵環繞之中脫穎而出。這就是因為他們能針對消費者的需求，給予最好的服務，運用薄利多銷的行銷手法，為自己帶來無限的商機。

在品質方面，有絕對的控管，以及品質保證，聘請五星級的主廚製作蛋糕以及點心，以五星級飯店的食材及概念，注重食材的挑選，堅持選擇最好的，讓消費者可以吃的安心。

在口味上保持傳統的口味，也創新很多的新口味，讓客人有更多元的選擇。

在速度方面，不僅可以在店內用餐，也可以帶著就走，滿足了不同消費者的不同需要。

平價操作，鎖定年輕族群

85℃針對的族群是青少年到中年都有，大多以學生和年輕族群為主。

因為青少年沒有太多的金錢能力，在金錢上沒辦法去消費太昂貴的商品，85℃的咖啡最低的價錢只要三十五元就可以獲得，會讓學生們常去消費，所以85℃主打以年輕族群為最大眾對象。

鎖定平民皆可消費，平民經濟的想法，主導了董事長吳政學訂價與區位的選擇。

鎖定「平民經濟」，走到任何一家85℃，明亮的三角櫥窗旁，總是排著隊的人龍，其中男女老少、中產階層都有，每個人好像走自家廚房那般自在，是台灣眾多人口的真實縮影，也創造了他們平價咖啡的成功。

Story 64

台灣農產麵包的美味行銷

著名的吳寶春應該是全台人氣最高的麵包師傅，也是國內第一位擁有經紀人的麵包店老闆。

即使他的麵包烘焙坊一年營業額兩億元，但他仍不放棄學習；最近被新加坡頂尖商學院碩士班錄取，他用態度證明，「只要你想學，學習的大門永遠為你而開。」

向來致力推廣台灣農產品的吳寶春，以台灣盛產的香蕉、芒果、南瓜、牛奶為主題，推出系列新款麵包，將在地食材融入麵包中，希望讓消費者品嚐真正的「台灣麵包」。

積極參與公益活動的吳寶春，忙碌之餘，仍善用時間，全省跑透透，就為了尋找台灣最好的食材，希望將真正的「台灣味」融入麵包當中。

由於家中世代務農，吳寶春對農民有份難以割捨的濃厚情感，為幫助農民行銷農產品，推廣台灣農業，他四處打聽全台好物，不論是親朋好友「呷好道相報」或是媒體報導，他都會立刻記下來，親赴產地拜訪，也因而結交許多理念相同的好友。

「像我最近拜訪南投日月老茶廠，非常認同與土地共生的理念。我們能為台灣這片土地留下什麼？ 做些什麼？吃的東西不傷身、又能維護土地，才是『台灣好物』真正的定義。」吳寶春接受訪問時曾這麼說。

在研發新款麵包的過程中，吳寶春總是積極推廣台灣農產品，不斷嘗試。他表示例如香蕉與芒果在六分、七分、八分、九分不同熟度時，呈現出不同風味，經過試驗，鮮果烘焙成果乾，以九分熟的口感及香味最完美；而芒果與阿薩姆紅茶的結合，在清香中透露出優雅，層次分明、互不搶味。

他更表示希望與更多小農契作，以保證收購方式，協助農民轉作無毒農法，藉由「吳寶春麵包」，將台灣優質農產品推廣到世界各地，更期望在日本東京、法國巴黎、英國倫敦等地開設「吳寶春麵包店」，讓「台灣的好味道」也能在國際烘焙界揚名立萬。

吳寶春為了給客人最好買麵包的片刻享受，規定一次店裡只進十人，營業額當然不會太高。他說：人貧窮的往往不是他的口袋，而是內心。

現在到高雄吳寶春麵包店，一方面買可口的桂圓麵包、荔枝麵包，同時也聽到很好的古典音樂。

問他那是誰的樂章？他回不知，幫他選歌的人正是當年在高雄西子灣教他讀書識字的海軍教官；問他記得起那個帶他北上學麵包的同鄉嗎？他一分鐘也不用想，就能倒背如流。

他記得每一個拉他一把的人，對吳寶春而言，傷害他的老闆教導他今日疼惜員工，幫助他的人，他一生永誌感恩。

結合在地，以個人品牌行銷台灣

吳寶春曾說，像是盛產的香蕉、柳丁及鳳梨，還有三星蔥，都是他接下來要研發新麵包的材料，這些做法，他也願意公開，用市場需求擴大來幫助農民賣水果。

他更說，「特別是鳳梨，我最有感覺，因為我的媽媽是靠幫人採收鳳梨賺錢養活我的。」屏東單親家庭長大的吳寶春十分念舊情，而他一再構思使用在地農產開發新麵包揚名世界的動力，始終不脫離感謝母親與回饋社會。

現在，他終於能以一己之力來幫助農民拓展內外銷農產，這更可說是一種充滿溫情的美味行銷。

另一個台灣著名糕點品牌「微熱山丘」，結合南投當地產地台灣土鳳梨，與台灣本土蛋品鮮力蛋，製成口碑享譽各地、滋味酸甜的土鳳梨酥。

南投門市更融合了傳統的三合院建築，在行走於古色古香的房屋間時，也能一同品嚐新鮮美味地鳳梨酥。如今微熱山丘也透過網路行銷，將結合本土農產與文化特色地行銷方式帶向國際，實屬以自家品牌行銷台灣的成功典範。

你在精神上的最強優勢是？

如果你是砧板上的一條魚，有把刀子正向你揮來，眼看你將成爲生魚片，如果你想保命，此時你會怎樣求救呢？

A. 我家上有老下有小，用這樣的話博取對方同情的「哀求戰術」。

B. 你放了我，我會獻上龍宮寶物的「交易戰術」。

C. 殺了我，你肯定會後悔的「威脅戰術」。

選擇A

你細心的關懷和照料，可能成為感動眾人的原動力。故意裝可憐，博取對方同情心，是引起對方惻隱之心的戰術。你感情細膩，能夠敏銳地感受到對方心情的變化，你有從平常的事物或素材中「提煉」打動別人、安慰別人的能力，你能透過自己堅持不懈的努力來創造感動別人的東西，這就是你的潛質。

選擇B

在心裡描繪成功者的形象，可以讓你成為一個令人羨慕的成功人士。這樣做對你也有好處，因為這是一種勾起對方的欲望和私心的交易戰術，只有胸有成竹的人才能實施這種戰術。你擁有只要能做就一定可以成功的積極樂觀的自信。無論在哪個領域，你都想出類拔萃，透過在腦海裡描繪自己的成功者形象來激勵自己，你的毅力能夠把這種想法變為現實，你能成為一個讓人羨慕的人，這就是你的潛質。

➔ 選擇C

堅信自己的能力，你能影響很多人，這是一種威脅對方會遭報應、使對方屈服的戰術。你明白自己擁有的能力，如果你對自己的能力沒有自信，是不可能採取這種戰術的。事實上，你擁有挑戰困難、擺脱逆境的強大力量，你能成為一個動員眾人，給他人帶來影響力的領導人，這就是你的潛質。

國家圖書館出版品預行編目資料

說故事的行銷力量/楊智翔著. -- 初版. -- 新北市：
創見文化出版, 采舍國際有限公司發行, 2024.07
面；公分--- (Magic power；31)

ISBN 978-986-271-994-7（平裝）

1.CST: 行銷學 2.CST: 說故事 3.CST: 個案研究

496 113005692

本書採減碳印製流程，碳足跡追蹤，並使用優質中性紙（Acid & Alkali Free）通過綠色碳中和印刷認證，最符環保要求。

說故事的行銷力量

創見文化・智慧的銳眼

作者／楊智翔
出版者／智慧型立体學習・創見文化
總顧問／王寶玲
總編輯／歐綾纖
文字編輯／蔡靜怡、陳相誼
美術設計／ Maya
台灣出版中心／新北市中和區中山路 2 段 366 巷 10 號 10 樓
電話／（02）2248-7896 傳真／（02）2248-7758
ISBN ／ 978-986-271-994-7
出版日期／ 2024 年 7 月

全球華文市場總代理／采舍國際有限公司 新絲路網路書店 www.silkbook.com
地址／新北市中和區中山路 2 段 366 巷 10 號 3 樓
電話／（02）8245-8786 傳真／（02）8245-8718